MANUEL
DE L'INGÉNIEUR
DES PONTS ET CHAUSSÉES

RÉDIGÉ

CONFORMÉMENT AU PROGRAMME

ANNEXÉ AU DÉCRET DU 7 MARS 1868

RÉGLANT L'ADMISSION DES CONDUCTEURS DES PONTS ET CHAUSSÉES
AU GRADE D'INGÉNIEUR

PAR

A. DEBAUVE

INGÉNIEUR DES PONTS ET CHAUSSÉES

5ème FASCICULE

AVEC 98 FIGURES ET 7 PLANCHES

Géodésie, Nivellement, Levé des plans

PARIS

DUNOD, ÉDITEUR

LIBRAIRE DES CORPS DES PONTS ET CHAUSSÉES ET DES MINES

49, QUAI DES AUGUSTINS, 49

1872

MANUEL
DE L'INGÉNIEUR
DES PONTS ET CHAUSSÉES

RÉDIGÉ

CONFORMÉMENT AU PROGRAMME

ANNEXÉ AU DÉCRET DU 7 MARS 1868

RÉGLANT L'ADMISSION DES CONDUCTEURS DES PONTS ET CHAUSSÉES
AU GRADE D'INGÉNIEUR

PAR

A. DEBAUVE

INGÉNIEUR DES PONTS ET CHAUSSÉES

5me FASCICULE

AVEC 98 FIGURES ET 7 PLANCHES

Géodésie, Nivellement, Levé des plans

PARIS

DUNOD, ÉDITEUR

LIBRAIRE DES CORPS DES PONTS ET CHAUSSÉES ET DES MINES

49, QUAI DES AUGUSTINS, 49

1872

GEODESIE, NIVELLEMENT, LEVER DES PLANS

TABLE DES MATIÈRES

CHAPITRE I

Notions de géodésie.

CHAPITRE II

Arpentage et lever des plans.

CHAPITRE III

Nivellement.

CHAPITRE IV

Cubature des terrassements.

PARIS. — IMP. SIMON RAÇON ET COMP., RUE D'ERFURTH, 1.

GÉODÉSIE

CHAPITRE PREMIER

NOTIONS DE GÉODÉSIE

DE LA FORME DE LA TERRE

Attraction universelle. — Toutes les parties de la matière tendent à se rapprocher et à se réunir les unes aux autres.

L'attraction réciproque de deux corps est proportionnelle à leurs masses, ou quantités de matière, et en raison inverse du carré de leur distance.

Telle est la loi d'attraction universelle, dont on trouve la vérification dans les phénomènes physiques et astronomiques.

Au point de vue philosophique, on ne saurait affirmer que l'attraction des particules matérielles existe réellement; ce n'est qu'une hypothèse, destinée à expliquer les phénomènes; mieux vaudrait dire que les choses se passent comme s'il existait une attraction universelle, régie par la loi que nous venons d'énoncer.

Les effets nous sont bien connus, la cause ne doit être pour nous qu'une hypothèse.

De la forme sphérique. — Lorsque plusieurs particules de matières sont réunies entre elles par la seule force d'attraction, elles forment nécessairement un système sphérique lorsqu'elles sont en état d'équilibre.

Nous en avons la preuve dans la forme qu'affectent les gouttes liquides (eau, mercure, métal fondu), que l'on projette sur une surface qu'elles ne mouillent pas; ce sont autant de petites sphères, légèrement aplaties, parce qu'elles sont soumises à l'action de la pesanteur, qui les attire vers la terre.

Mais, si vous parvenez à supprimer l'effet de la pesanteur, vous reconnaîtrez que la forme sphérique des gouttes liquides les plus grosses est parfaitement régulière. — M. Plateau y est arrivé par un procédé simple et curieux, qui s'appuie sur le principe d'Archimède : tout corps plongé dans un liquide perd une partie de son poids égale au poids du liquide déplacé. Si le corps plongé est un liquide, comme l'huile d'olive, entouré d'un autre liquide d'égale densité (mélange d'eau et d'alcool), il déplacera un poids égal au sien, la poussée annulera l'effet de la pesanteur, et la goutte d'huile se trouvera en équilibre. On l'apercevra sous une forme parfaitement sphérique; par sa couleur jaune, elle se distingue facilement du liquide blanc qui l'entoure et dans lequel l'huile ne se dissout pas.

De la forme de la terre. — La terre et les planètes, qu'on ne saurait méconnaître avoir été à l'état liquide ou pâteux à une époque géologique très-reculée, affectent donc la forme sphérique.

Mais cette forme se trouve altérée plus ou moins aux diverses régions du globe, et il est préférable de substituer au nom de sphère celui de sphéroïde (semblable à la sphère).

Les altérations proviennent de deux causes : 1° un défaut d'homogénéité; 2° la rotation de la terre autour d'un axe fixe, ligne des pôles.

1° Imaginez le volume du sphéroïde divisé en une quantité de pyramides élémentaires par des diamètres, deux de ces pyramides, opposées par le sommet, se feront équilibre; si elles étaient homogènes, elles seraient de même hauteur : mais, on sait que les matières qui composent la terre sont de densité variable, que de plus il existe à l'intérieur des cavités plus ou moins grandes; donc la hauteur des pyramides opposées au sommet, c'est-à-dire les rayons du sphéroïde ne sont pas absolument égaux. — Cette cause a peu d'influence, car les montagnes ont au plus 8,000 mètres; admettez que les profondeurs de la mer atteignent aussi 8,000 mètres, la plus grande saillie terrestre sera de 16 kilomètres, et, comme le rayon de la terre est supérieur à 6,000,000 mètres, c'est-à-dire à 6,000 kilomètres, le rapport de la plus grande saillie au rayon sera inférieur à $\frac{1}{375}$.

2° L'effet de la rotation est beaucoup plus sensible; il est nettement accusé par l'aplatissement que présente le globe à ses deux pôles.

Il est facile de démontrer par l'expérience qu'une sphère liquide animée d'un mouvement de rotation autour d'un diamètre prend une forme aplatie et ellipsoïdale. Suspendez, comme le fait M. Plateau, une goutte d'huile au milieu d'un mélange d'eau et d'alcool; traversez cette goutte par un fil de fer vertical auquel vous imprimez un vif mouvement de rotation, il le communiquera à l'huile, dont on verra la sphère se transformer en ellipsoïde.

Une autre expérience très-simple confirme ce qui précède : un ruban circulaire en acier flexible est maintenu par un axe vertical, auquel il est fixé à la partie inférieure, tandis qu'à la partie supérieure l'axe le traverse à frottement doux. L'axe vertical correspond par un engrenage à une manivelle, qui permet de lui communiquer un mouvement de rotation à vitesse variable. On voit le ruban d'acier s'aplatir de plus en plus à mesure que la vitesse augmente.

La forme de la terre est donc un résultat nécessaire de sa rotation; cette rotation produit la force centrifuge qui se développe à la surface de tous les corps tournants. On remarque tous les jours que les roues d'une voiture qui marche vite lancent une grande quantité de boue; il y a donc une tendance pour les molécules séparées de l'axe à s'en éloigner davantage, et cette tendance augmente rapidement avec la distance à l'axe de rotation. Pour le globe terrestre, la force centrifuge est nulle au pôle, maxima à l'équateur, et va croissant entre ces deux limites. Or, la force centrifuge amoindrit l'effort de la pesanteur; et pour que les pyramides élémentaires, que nous considérons plus haut, se maintiennent en équilibre et soient toutes également attirées vers le centre, elles devront renfermer une quantité de matière et par suite présenter une hauteur d'autant plus grande que leur base sera plus rapprochée de l'équateur. Le rayon terrestre ira donc en augmentant du pôle à l'équateur.

Méridiens et parallèles. — La terre étant un solide de révolution a pour lignes de courbure de sa surface les intersections faites par tous les plans passant par l'axe des pôles et par tous ceux qui sont normaux à cet axe ; les premiers sont les méridiens, et ils rencontrent la surface suivant la courbe méridienne, ou tout simplement la méridienne, dont la direction en chaque point s'obtient en regardant l'étoile polaire : cette étoile est dans le prolongement de l'axe des pôles terrestres, et, par suite, elle reste immobile dans le mouvement relatif des cieux par rapport à la terre. Les seconds plans, normaux à l'axe, sont les parallèles; le plus grand parallèle prend le nom d'équateur.

Longitude et latitude. — Un point quelconque de la surface terrestre est déterminé par ses deux coordonnées rectangulaires : le méridien et le parallèle qui s'y rencontrent; pour déterminer le méridien, il suffit de connaître l'angle qu'il fait avec un méridien fixe pris pour origine. — En France, c'est le méridien de l'Observatoire de Paris que nous prenons pour origine, et les angles se comptent de 0° à 180° vers l'est et de 0° à 180° vers l'ouest; en Angleterre, l'origine est au méridien de Greenwich, dont la longitude occidentale, par rapport à Paris, est de 2°20′24″. Le parallèle est déterminé par l'angle que fait avec l'équateur un des rayons terrestres aboutissant en un point de ce parallèle. Cet angle est la latitude qui, dans chaque hémisphère, varie de 0° à 90° ; on distingue l'hémisphère par les mots nord et sud, boréal et austral. C'est ainsi que Paris est compris entre 48° et 49° de latitude nord.

Détermination de la longitude et de la latitude. — La terre effectuant son mouvement de rotation de l'ouest à l'est en 24 heures, un degré de longitude est parcouru en $\frac{24}{360}$ d'heure, c'est-à-dire en 4 minutes. Cela permet de régler les horloges d'un pays quand on connaît l'heure de Paris et la longitude de l'endroit : quand le soleil passe au méridien à Paris, il faudra encore seize minutes avant qu'il atteigne le méridien de Rennes ; les horloges de cette ville doivent donc être toujours en retard de 16 minutes sur celles de Paris. A 4° longitude est, par exemple à Nancy, il y a au contraire 16 minutes d'avance.

On peut, réciproquement, déduire la longitude relative de deux endroits en multipliant par 15 la différence de leurs heures.

La longitude et la latitude sont ce qu'on appelle les coordonnées géographiques d'un lieu ; c'est avec leur secours que l'on dresse les cartes.

Nous avons vu comment on déterminait la longitude avec des chronomètres ; la latitude est facile aussi à déterminer. Rappelons que l'horizon d'un lieu est le plan tangent en ce lieu au sphéroïde terrestre ; « la latitude est égale à l'angle de la ligne des pôles avec l'horizon de l'endroit que l'on considère. » En effet, soit (fig. 1) la projection de la terre sur un de ses méridiens; PP′ est la ligne des pôles, EE′ l'équateur, AH l'horizon du lieu, AD une parallèle à la ligne des pôles ; la latitude est mesurée par l'angle AOE, qui est égal à l'angle DAH, car ces deux angles ont leurs côtés perpendiculaires. Cet angle DAH s'ob-

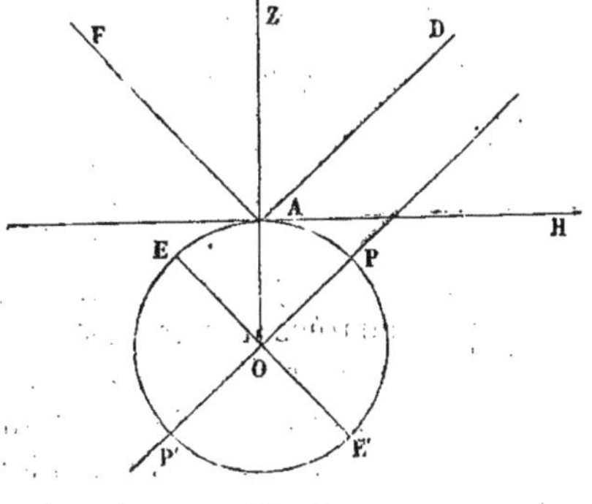

Fig. 1.

ient immédiatement en visant l'étoile polaire, et cherchant sa hauteur angulaire au-dessus de l'horizon.

Mesure de l'arc d'un degré. — En supposant la terre sphérique, pour en déterminer les éléments, c'est-à-dire la circonférence de grand cercle d'où se déduit le rayon terrestre, il suffirait de mesurer la plus courte distance de deux points, dont les verticales ou, ce qui est la même chose, les rayons terrestres correspondants, font entre elles un angle connu. Divisant cette plus courte distance par l'angle exprimé en degrés, on aura la longueur de l'arc d'un degré, d'où l'on pourrait immédiatement conclure le rayon terrestre.

Pour obtenir commodément l'angle des verticales aux deux extrémités de l'arc, on choisit un arc de méridien, et l'angle cherché est la différence des latitudes que nous avons appris à déterminer astronomiquement.

Mais, la terre n'étant pas absolument sphérique, l'opération précédente ne peut donner qu'une moyenne ; pour fixer la forme du solide de révolution que la terre représente, il est nécessaire et suffisant d'en obtenir le méridien. On s'en approchera autant que l'on voudra en mesurant la longueur de l'arc d'un degré à diverses latitudes ; de la longueur de cet arc on déduit autant de rayons de courbure que l'on veut de la courbe méridienne, et on la représente comme l'enveloppe de ses cercles osculateurs.

La plus courte distance de deux points peut à la rigueur se mesurer à l'aide de règles graduées ; au dix-septième siècle, on a procédé à cette mesure en parcourant des routes tracées en ligne droite et sensiblement dirigées du nord au sud ; mais on comprend que ce n'est point là chose commode dans un pays un peu accidenté ; ce n'est guère que dans les immenses plaines de l'Amérique que l'on pourrait tracer sur le sol un arc d'un degré de forme bien régulière.

L'erreur possible dans la mesure des différences de latitude est au moins d'une seconde, ce qui correspond à une longueur d'environ 31 mètres à la surface du sol ; il est donc inutile d'arriver à mesurer l'arc avec une extrême perfection, à moins que l'on n'opère sur un arc de grande longueur, car l'erreur relative sur la mesure des latitudes pourra alors être assez faible, bien que l'erreur absolue atteigne une seconde et plus.

Triangulation. — On a donc renoncé à mesurer les arcs en les jalonnant et les parcourant avec une règle graduée, et l'on a eu recours à la méthode de triangulation.

En voici le principe :

Soit AB (fig. 2) l'arc à calculer, et soit MN une base facile à mesurer avec exactitude, au moyen de règles posées bout à bout ; on mesure cette base ; on choisit de part et d'autre de l'arc du méridien AB une série de stations élevées, et telles que de l'une d'entre elles on puisse apercevoir les stations voisines. En général, ce sont des clochers élevés, de vieilles tours que l'on choisit ; mais, si l'on n'en trouve pas, on élève des pyramides en char-

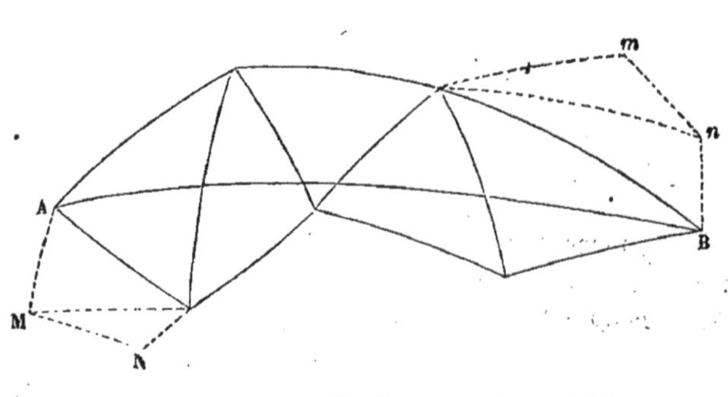

Fig. 2.

pente, terminées par un grand disque, qui, à longue distance, se réduit à un point.

On mesure, avec les appareils astronomiques, les angles de tous les triangles sphériques ayant pour sommets les stations ; d'autre part, on mesure l'angle de la méridienne AB, avec les lignes qui vont du point A aux premières stations de droite et de gauche ; on peut alors calculer trigonométriquement tous les triangles sphériques qui ont pour base une section du méridien AB ; on en déduit la longueur de chaque section, et, en cumulant les longueurs, on obtient l'arc entier.

Pour vérifier les calculs, on en déduit la longueur d'une base (*mn*), située à l'autre extrémité de l'arc, et on la mesure directement pour voir s'il y a concordance.

Les sommets doivent, autant que possible, être choisis de manière à ce qu'on ait à calculer des triangles à peu près équilatéraux (c'est avec la forme équilatérale que, pour une erreur donnée sur les angles, l'erreur sur les côtés est minima).

Les côtés des triangles peuvent dépasser 50 kilomètres, lorsqu'on mesure les angles avec des appareils perfectionnés.

Lorsque la triangulation de premier ordre est faite, on a la position de quelques points du sol, et on peut construire sur la carte une série de grands triangles qui servent de canevas. Aux sommets de ces grands triangles on rattache des points remarquables plus rapprochés, et l'on construit des triangles du second ordre ; à ceux-ci on pourra encore en rattacher d'autres, de manière à déduire la position de points nouveaux de celle de points déjà connus.

La hauteur des diverses stations au-dessus de l'horizon étant nécessairement variable, il faut projeter toutes les lignes dont on se sert sur un sphéroïde dont la surface est parallèle à la surface moyenne de la terre ; on suppose en général que la surface des mers se prolonge sous les continents, et c'est sur cette surface que l'on projette les stations, les arcs et les triangles.

La triangulation est donc une opération plus complexe qu'on ne le croirait au premier abord, et, en définitive, elle a pour objet la solution complète du problème qui constitue toute la science géodésique.

Surfaces et lignes de niveau. — En mesurant aux diverses latitudes la longueur de l'arc d'un degré, on a pu construire la courbe ovale dont la révolution autour de son petit axe engendre la surface terrestre.

Ceci posé, on nomme ligne de niveau toute ligne tracée, soit sur la surface de révolution que nous venons de définir, soit sur une surface parallèle, c'est-à-dire sur une surface dont tous les éléments plans sont parallèles aux éléments correspondants de la première. Deux surfaces parallèles ont les mêmes centres de courbure principale, et on peut les remplacer, sur une certaine étendue autour d'un point donné, par la sphère osculatrice en ce point. La forme ellipsoïdale peu prononcée du globe terrestre se prête bien à cette substitution.

Ainsi, dans un pays donné, la surface moyenne de la terre étant représentée par une sphère, toutes les sphères qui ont même centre sont, comme la première, des surfaces de niveau.

Et toute ligne tracée sur ces sphères est une ligne de niveau[1].

1. La définition que nous venons de donner des surfaces de niveau est si rapprochée de la vérité, qu'il faut l'admettre dans la pratique. Mais il ne faut pas oublier que cette définition n'est pas vraie au point de vue mécanique.

En effet, une surface de niveau est telle qu'on peut la parcourir dans tous les sens sans des-

La surface des eaux en chaque point du globe est une surface de niveau; car les eaux, avec leur mobilité, prennent nécessairement la forme qu'affectent tous les liquides animés d'un mouvement de révolution, c'est-à-dire la forme primitive de la terre au point considéré.

Niveau vrai. Niveau apparent. — Une ligne de niveau peut donc se définir simplement comme il suit : c'est toute courbe tracée sur la surface des eaux tranquilles ou sur une surface parallèle.

Lorsque la ligne de niveau est considérée comme ligne droite, elle n'est que l'élément d'une courbe de niveau, et, si elle est prolongée, elle en devient la tangente.

C'est ce niveau qu'on appelle le niveau apparent. Ainsi, si l'on suppose une lunette placée à la surface de la terre et dont l'axe soit tangent à la courbe de niveau dans le plan de laquelle il se trouve, le rayon visuel dirigé suivant cet axe sera le niveau apparent du lieu considéré; mais il ne formera le niveau vrai que sur la partie de cette courbe dont il sera l'élément. Au delà, il abandonne la convexité tant de la courbe que du globe, pour s'élever au-dessus.

Il suit de là que le niveau vrai ne peut pas être le même sur deux points différents de la surface de la terre, lors même que ces deux points sont contigus. Le niveau vrai suit constamment la surface de la terre dans sa courbure supposée sans inégalité. Il est composé des divers éléments de la courbe correspondante.

Ainsi, parcourez un arc de méridien, il représente la courbe du niveau vrai, tandis que ses tangentes successives sont les lignes de niveau apparent, qui changent d'un point à l'autre.

La surface des eaux stagnantes est le niveau vrai; mais, lorsqu'on prend un niveau d'eau de faible étendue, et qu'on en prolonge la surface sur une grande longueur, on n'obtient qu'un niveau apparent.

La direction de la pesanteur, c'est-à-dire de la force à laquelle on attribue la chute des corps, est normale à la surface des liquides en repos, et, en chaque point, elle est perpendiculaire au niveau vrai comme au niveau apparent.

La direction de la pesanteur, c'est-à-dire la verticale en chaque point, étant donnée par le pendule, on peut retrouver le niveau, lorsqu'on ne dispose point de la surface d'un liquide, en menant une perpendiculaire à la direction du pendule.

C'est sur ces deux principes : verticalité du pendule, horizontalité des surfaces liquides, que sont basés tous les instruments qui servent à tracer les lignes de niveau.

cendre ni monter. La surface moyenne des mers est une surface de niveau, de forme ellipsoïdale, très-voisine de la forme sphérique, puisque, si l'on considère en un point une section faite par un plan vertical, la courbe d'intersection n'est distante de son cercle de courbure que de $\frac{1}{25}$ de millimètre à 10 kilomètres du point donné. La surface de niveau qui passe en un point est, au point de vue mécanique, celle qu'affecterait un fluide incompressible et de densité très-faible qui couvrirait la terre sur une hauteur suffisante pour atteindre le point donné. — Le rayon du pôle étant plus faible que celui de l'équateur, l'action de la pesanteur sera plus forte au pôle, et la couche fluide sera moins épaisse, de sorte que les surfaces de niveau seront plus rapprochées au pôle qu'à l'équateur. — Mais la différence est très-faible, et à plus forte raison sera-t-elle insensible pour une contrée limitée du globe.

Une verticale ne coupe point normalement toutes les surfaces de niveau qu'elle rencontre; lorsqu'on a un pendule, sa direction indique la normale à la courbe de niveau qui passe par son centre de gravité. Ainsi suspendez la même masse à des fils impondérables de $1^m,00$ et de 4700^m de longueur, les deux fils feront entre eux un angle d'une seconde. Ce résultat montre bien qu'on peut, dans la pratique, supposer des courbes de niveau parallèles.

Si la terre était sphérique, toutes les verticales, ou lignes d'aplomb, passeraient en un même point : le centre. Mais, vu sa forme presque ellipsoïdale, la terre a ses centres de courbure sur une surface, qui dans chaque méridien est représentée par la développée du méridien, c'est-à-dire par le lieu de ses centres de courbure. Il suit de là qu'il n'y a que les verticales des pôles et de l'équateur qui passent au centre de la terre.

Problème général de la géodésie. — De tout ce que nous venons de dire, il résulte que les deux coordonnées géographiques (longitude et latitude d'un lieu) ne suffisent pas à le déterminer complétement ; il faut obtenir, en outre, une troisième coordonnée, à savoir : la hauteur du lieu au-dessus d'une surface de niveau déterminée, par exemple, au-dessus de la surface qui passe par la position moyenne de la mer en un port connu, comme Brest ou Marseille.

Cette troisième coordonnée est ce qu'on appelle l'altitude du lieu au-dessus du niveau de la mer.

Le problème général de la géodésie s'énonce comme il suit :

« Déterminer la position d'un point dans l'espace par rapport à trois points connus, ou par rapport à trois axes connus de position. »

La détermination se fait au moyen de longueurs et d'angles que l'on mesure.

Nous décrirons sommairement les procédés en usage pour ces deux opérations.

Mesure des bases géodésiques. Règle de Borda. — Pour la mesure des bases géodésiques, on s'est d'abord servi de règles en bois ; mais celles-ci sont sujettes à se déjeter et ne sont pas susceptibles d'une grande précision.

On ne tarda donc pas à recourir à des règles métalliques ; mais elles ont l'inconvénient de se dilater d'une manière notable, et il faut à chaque instant faire la correction de la longueur. Si L représente la longueur à la température T, on sait que la longueur L' à la température T' sera donnée par

$$L' = L + \alpha (T' - T)$$

α représentant le coefficient de dilatation.

La règle de Borda, que représente en perspective la figure 1, planche I, est disposée de manière à fournir elle-même le moyen de faire la correction relative à la température ; elle se compose d'une lame de platine (AA), surmontée d'une lame de cuivre (BB), qui s'arrête à une petite distance de l'extrémité (A). Cette lame de cuivre est fixée, seulement par son extrémité de droite, à la lame de platine ; sur le reste de la longueur, les deux métaux sont seulement accolés, de sorte qu'ils peuvent se dilater indépendamment l'un de l'autre. A son extrémité de gauche, le cuivre présente une ouverture, qu'occupe une petite règle graduée (*g*) fixée au platine ; sur le bord de l'ouverture, en face des divisions de la règle, le cuivre porte un vernier *f*. Par suite de la dilatation du platine, la pièce (*g*) avance dans l'échancrure ; et l'on pourrait, avec le vernier, mesurer cet allongement ; mais remarquons que ce vernier appartient lui-même à une règle dilatable, de sorte qu'il ne mesure, en réalité, que la différence des dilatations. Cela suffit ; on détermine, par l'expérience et le calcul, la température ou plutôt la longueur de règle qui correspond aux diverses positions relatives du vernier (*f*) et de la règle (*g*).

Borda opérait avec quatre règles semblables à celles dont on voit les bouts sur la figure 1. Il est nécessaire de ne point les placer bout à bout, afin d'éviter les chocs qui pourraient arriver et qui dérangeraient les règles. On produit le contact de deux règles voisines au moyen d'une languette (*d*), qui glisse dans une rainure au bout de la lame de platine; la quantité dont sort la languette se mesure par les divisions qu'elle porte elle-même et par le moyen d'un vernier (h) fixé au bord de la rainure. Pour chaque vernier, la lecture est faite au moyen de loupes c montées sur la règle.

Pour éviter la flexion des règles, elles reposent sur des madriers que supportent des trépieds, appuyés sur d'autres madriers appliqués eux-mêmes sur le sol.

L'alignement de la ligne à mesurer est soigneusement jalonné, au moyen de jalons ou tiges verticales en bois ou en fer.

Quelquefois, la ligne à mesurer est brisée; on mesure chaque partie rectiligne séparément, et on la projette sur la droite, qui joint les deux extrémités.

Il faut aussi réduire la longueur des règles à l'horizon, car on se propose de trouver la longueur, non pas de la base tracée sur le sol, mais de la projection de cette base sur une surface de niveau.

On mesure donc l'inclinaison des règles sur l'horizontale, soit φ cette inclinaison, L la longueur mesurée, L' la longueur réduite, on a $L' = L \cos \varphi$, et la correction x se déduit de l'équation

$$x = L' - L = L(1 - \cos\varphi) = 2L \sin^2 \frac{\varphi}{2}.$$

L'angle φ est toujours assez petit pour que l'on puisse, sans erreur sensible, admettre la proportionnalité des arcs aux sinus, et poser $\sin\varphi = \varphi \sin 1'$ (φ étant exprimé en minutes) ; la correction devient alors

$$x = 2L\left(\frac{\varphi}{2}\right)^2 \sin^2 1' = \frac{1}{2} L\varphi^2 \sin^2 1',$$

et avec cette formule on dressera sans peine une table qui donnera les corrections, suivant la valeur de φ, puisque L, longueur d'une règle, est une quantité sensiblement constante.

Mais ce n'est pas la longueur de la base projetée sur une surface de niveau quelconque qu'il s'agit de trouver : cette projection doit être faite par rapport au niveau moyen de la mer. C'est là qu'apparaît la nécessité de connaître les altitudes des stations.

Soit h l'altitude moyenne d'une base, c'est-à-dire la moyenne des altitudes de ses deux extrémités, R le rayon de la terre, c'est-à-dire du niveau de la mer, au point considéré, B la base trouvée à l'altitude h, et B' la longueur de cette base au niveau de la mer ; en remarquant que les arcs correspondant à un même angle au centre sont entre eux comme leurs rayons, on aura :

$$\frac{B'}{B} = \frac{R}{R+h}$$

et la correction

$$x = B - B' = B\left(1 - \frac{R}{R+h}\right);$$

en divisant R par $R + h$, ou bien 1 par $1 + \frac{h}{R}$, on obtiendra :

$$x = B\left(\frac{h}{R} - \frac{h^2}{R^2} + \frac{h^3}{R^3} - \dots\right);$$

et généralement on se limite au premier terme, ce qui donne une approximation suffisante, et l'on a

$$x = \frac{Bh}{R}.$$

Nous n'entrerons point dans de plus grands détails sur la mesure des bases; divers expérimentateurs ont substitué à la règle de Borda des systèmes qui s'en rapprochent plus ou moins. Il nous suffira d'avoir indiqué la marche à suivre et fait comprendre de quelles précautions on doit s'entourer pour arriver à l'exactitude.

Du vernier. — Afin de ne point scinder les explications précédentes, nous n'avons fait que nommer le vernier sans le décrire. Bien que nous en ayons déjà parlé dans le cours de physique, nous croyons utile d'en reproduire ici la théorie.

Soit une règle graduée, divisée en millimètres; plaçons en face des divisions de cette règle, une autre petite règle portant dix divisions égales formant en tout une longueur de 9 millimètres. Chaque division de cette réglette, ou vernier, est donc de $\frac{9}{10}$ de millimètre, et diffère des divisions de la règle de $\frac{1}{10}$ de millimètre.

Si le zéro du vernier coïncide avec le trait (n) de la règle, les traits 1.2.3..... 10 du vernier seront à des distances $\frac{1}{10}, \frac{2}{10}, \frac{3}{10} \ldots\ldots \frac{10}{10}$ de millimètre des traits $n + 1, n + 2, n + 3 \ldots\ldots n + 10$, de la règle, c'est-à-dire que l'espace entre les traits de même ordre ira en croissant de $\frac{1}{10}$ de millimètre d'une division à l'autre, et que, par suite, le trait n° 10 du vernier coïncidera avec le n° 9 de la règle.

Supposez maintenant que l'on donne un léger déplacement au vernier; que ce déplacement soit, par exemple, exactement de $\frac{2}{10}$ de millimètre, le trait n° 2 du vernier coïncidera avec un trait de la règle, et ce sera le seul pour lequel la coïncidence ait lieu. Il indique, par son numéro d'ordre, précisément le nombre de dixièmes de millimètres dont le vernier s'est avancé.

Mais, si l'avancement n'est pas d'un nombre exact de dixièmes de millimètres, et qu'il soit compris entre $\frac{2}{10}$ et $\frac{3}{10}$ de millimètre, qu'arrivera-t-il? Le trait n° 2 du vernier, qui était à $\frac{2}{10}$ de milllimètre du trait suivant de la règle, aura dépassé ce trait de moins de $\frac{1}{10}$ de millimètre; le trait n° 3 du vernier, qui était à $\frac{3}{10}$ de millimètre du trait suivant de la règle, n'aura pas tout à fait atteint ce trait, et restera en deçà de moins de $\frac{1}{10}$ de millimètre. Il en résulte que la division 2-3 du vernier sera entièrement comprise entre deux traits voisins de la règle, et, seule, elle sera dans ce cas; elle indique par son numéro que l'avancement est compris entre $\frac{2}{10}$ et $\frac{3}{10}$ de millimètre.

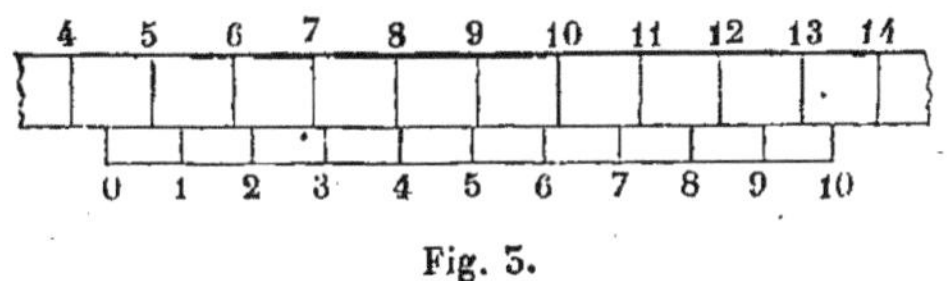

Fig. 3.

Les figures 3 et 4 font bien comprendre la théorie que nous venons d'exposer.

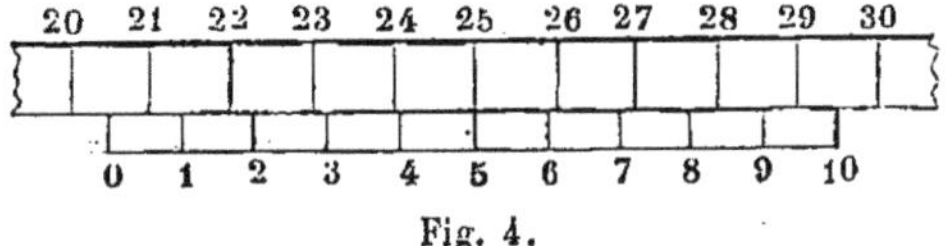

Fig. 4.

On applique l'objet à mesurer le long de la règle graduée, et son extrémité tombe, par exemple, entre les 20e et 21e traits de la règle; on place le vernier à la suite de l'objet. Si la longueur de celui-ci dépasse le trait n° 20 de la règle d'un nombre entier de dixièmes de millimètres, par exemple de 5, le trait n° 5 du vernier coïncidera avec un trait de la règle et indiquera la longueur cherchée, qui sera de $20^{mm},5$. (Fig. 4.)

Mais, généralement, la longueur supplémentaire ne sera pas d'un nombre entier de dixièmes de millimètres (fig. 3) : on verra alors quelle est la division du vernier qui est entièrement comprise dans une division de la règle; c'est, par exemple, la division 4-5; de ce fait, nous déduisons que la longueur de l'objet est comprise entre $4^{mm},4$ et $4^{mm},5$.

Avec un pareil vernier, l'approximation est donc au moins de $\frac{1}{10}$ de millimètre. Il est même facile d'arriver à $\frac{1}{20}$, en remarquant quel est, du trait 4 ou du trait 5 du vernier, le plus rapproché du trait voisin de la règle. Si l'on reconnaît à l'œil que les distances sont à peu près égales, c'est que la longueur à mesurer est sensiblement égale à $4^{mm},45$.

D'une manière générale, soit D la grandeur d'une division de la règle, on prend $(n-1)$ de ces divisions; la longueur ainsi obtenue constitue le vernier, ue l'on divise en (n) parties de grandeur (d) :

$$(n-1)\,D = nd.$$

L'approximation obtenue sera d'au moins $\frac{D}{n}$, et atteindra facilement $\frac{D}{2n}$, omme nous l'avons vu plus haut.

En théorie, on pourra obtenir telle approximation que l'on voudra en prenant $n)$ suffisamment grand; mais, en pratique, il y a une limite, qu'on ne peut dépasser, parce qu'il devient impossible de graduer une règle à divisions trop etites, et ce n'est déjà qu'avec de bonnes loupes que l'on observe les verniers es instruments de précision.

Le vernier s'applique aussi bien à des règles courbes qu'à des règles droites; aussi, en dispose-t-on le long des cercles gradués destinés à la mesure des angles. On peut lire sur le cercle, par exemple, les minutes, et le vernier donne les secondes; mais cela n'est possible que pour les grands cercles; les cercles ordinaires sont divisés en 1/2 degrés; le vernier (fig. 5), divisé en 30 parties, a une longueur totale de 29 1/2 degrés, il donne donc les trentièmes de demi-degré, c'est-à-dire les minutes.

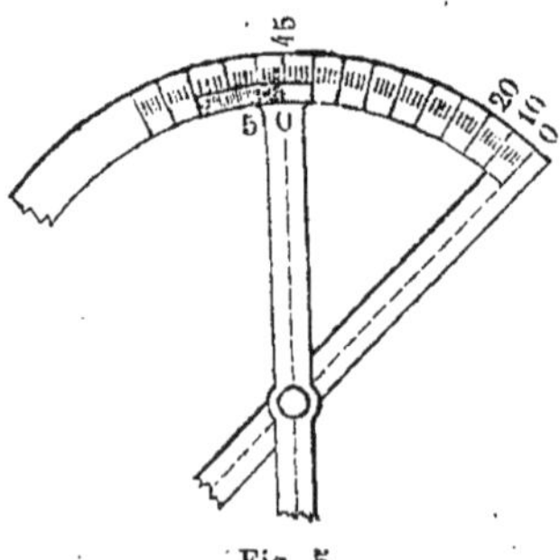

Fig. 5.

Pour manœuvrer le vernier avec exactitude et commodité, on se sert généralement de vis de rappel, comme on le voit sur la figure 6; une règle à talon A sert à mesurer les longueurs; on applique l'objet, d'un bout, contre le talon A de la règle, et, de l'autre bout, contre le talon B d'un curseur qui glisse à frottement doux le long de la règle; ce curseur présente en son milieu une échancrure avec un bord en biseau, sur lequel est gravé le vernier; la distance du talon A au zero de la règle est égale à la distance du talon B au zéro du vernier, de sorte que le zéro du vernier indique bien la longueur AB; le vernier est réuni à un second curseur L, que l'on peut fixer par

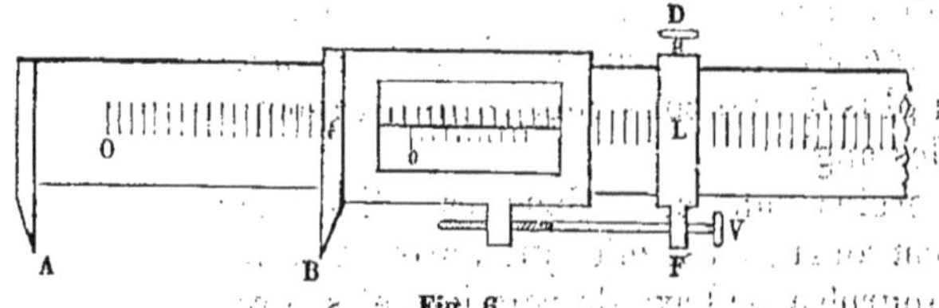

Fig. 6.

une vis de pression D. Une vis de rappel, dont le bouton est en V, tourne dans l'œil F du curseur L et vient traverser un écrou que porte latéralement le vernier; la vis étant fixe, c'est l'écrou qui avance et avec lui le vernier, dont le talon B vient en contact parfait avec l'extrémité de l'objet.

Mesure des angles. — On sait que les angles sont mesurés par les arcs que leurs côtés interceptent sur un cercle de rayon fixe, le sommet de ces angles coïncidant avec le centre du cercle. — Les arcs se mesurent au moyen de la graduation que porte la circonférence du cercle.

On peut adopter deux systèmes de divisions : la division sexagésimale et la division centésimale.

La division sexagésimale est à peu près seule usitée en France ; elle consiste à partager la circonférence en 360 parties égales appelées degrés, le degré en 60 minutes, et la minute en 60 secondes.

La division centésimale, dont on se sert surtout à l'étranger, consiste à diviser la circonférence en 400 parties égales appelées grades, le grade en 100 parties égales ou minutes centésimales, et la minute en 100 parties égales ou secondes centésimales.

M. Porro, excellent juge en cette matière, affirmait qu'un opérateur, également exercé aux deux systèmes, allait beaucoup plus vite en besogne avec la division centésimale qu'avec l'ancienne division. Le fait est vraisemblable; mais, les principales tables logarithmiques étant calculées d'après l'ancienne méthode, il est probable qu'on la conservera bien longtemps encore; l'habitude des constructeurs et des opérateurs serait du reste bien longue à modifier.

Pour mesurer un angle, il faut obtenir d'abord la direction de ses côtés.

Les directions s'obtiennent de diverses manières, qui ne conviennent pas toutes aux observations géodésiques, et que nous décrirons en détail quand nous traiterons du lever des plans et du nivellement.

En géodésie, on ne se sert plus aujourd'hui que de la lunette astronomique, qui permet de distinguer un point à de grandes distances et dont l'axe optique, indiqué par les réticules ou fils fins croisés, donne la direction cherchée.

La lunette tourne autour d'un axe fixé au centre d'un cercle gradué et normal à ce cercle ; dans son mouvement de rotation, elle entraîne une alidade ou rayon du cercle portant à la circonférence un trait qui marque la direction de l'axe optique. On regarde le numéro de la division du cercle gradué ou limbe que l'on trouve en face du trait, et on note ce numéro ; lorsqu'on déplace la lunette pour la diriger sur un second point, la lecture du nouveau numéro du limbe, que l'on trouve en coïncidence avec le trait de l'alidade, donne par différence l'angle de la nouvelle direction avec la première.

Longtemps on a eu recours, non pas à des cercles complets, mais à des quarts de cercle, à des sextants, à des octants. On arrivait ainsi à obtenir des arcs d'un grand rayon et des divisions plus larges ; aujourd'hui, la graduation des instruments se fait par des procédés mécaniques parfaits, et l'on a abandonné les secteurs de cercle qui présentaient plus d'un inconvénient sous le rapport du centrage de l'appareil et de la lecture des angles.

On ne se sert donc que de cercles complets : dans les petits instruments, le limbe est fixe et l'alidade le parcourt ; c'est elle qui porte le vernier : dans les grands instruments, le cercle tourne avec l'axe de rotation, et sa graduation parcourt le bord intérieur d'un anneau, sur lequel sont gravés un ou plusieurs verniers avec loupes ; c'est avec ces verniers que l'on lit les déplacements.

L'expérience a montré que, sur des cercles de $0^{m},20$ de diamètre (ce sont ceux qui conviennent aux opérations ordinaires), la limite de la grandeur des divisions était l'arc de 10 minutes; le vernier comprend 59 de ces arcs, et est divisé en 60 parties; de sorte qu'on obtient, comme approximation, $\frac{1}{60}$ de 10 minutes, c'est-à-dire 10 secondes. On peut même estimer à l'œil à 5 secondes près ; cela suffit bien dans la pratique des nivellements les plus étendus.

Dans les observatoires, on arrive presque à la perfection pour la mesure des angles; il ne saurait en être de même quand on a recours à des instruments portatifs, car la graduation et le centrage ne sont jamais parfaits, et il y a dans tous les assemblages un certain jeu qui nuit à l'exactitude.

Pour corriger l'erreur, on a recours à deux méthodes, dites méthode de la répétition et méthode de la réitération.

Méthode de la répétition. — La méthode de la répétition, inventée par l'astronome Tobie Mayer, consiste à mesurer plusieurs fois l'angle dont il s'agit, à le répéter de telle manière que les arcs qui le mesurent s'ajoutent sans discontinuité les uns aux autres. On ne fait que deux lectures, une au commencement et l'autre à la fin, et l'on divise l'arc total ainsi obtenu par le nombre des répétitions, ce qui donne l'angle cherché.

Les erreurs de graduation et de lecture, qui sont les plus considérables, se compensent ainsi, et se trouvent relativement amoindries, puisqu'on les répartit sur un grand nombre d'observations.

Le théodolite est un instrument répétiteur, que nous aurons l'occasion de décrire en détail.

La méthode de la répétition ne peut donner de bons résultats que si l'on se sert d'instruments d'une exécution parfaite.

Méthode de la réitération. — Cette méthode, appliquée avec succès par le savant Bessel, consiste à prendre plusieurs mesures d'un angle, indépendantes les unes des autres, et à en faire la moyenne. Le nombre des mesures réitérées est bien moindre que le nombre des mesures qu'on effectuait par la méthode de répétition.

On prend successivement pour origine de l'arc divers points marqués sur le limbe, par exemple les points 0°, 90°, 180°, 270° ; on corrige ainsi les erreurs de division et de centrage qui se compensent. Quant aux erreurs de lecture, on arrive à les réduire notablement en se servant d'instruments bien construits et d'un diamètre assez considérable.

Les développements qui précèdent suffisent à faire comprendre les grandes opérations géodésiques, qu'il serait hors de propos d'exposer dans tous leurs détails.

Résultats géodésiques. — Voici, pour terminer, les principaux résultats géodésiques :

Longueur de l'arc d'un degré à diverses latitudes :

Régions.	Latitude moyenne.	Longueur de l'arc d'un degré.
Pérou	1° 31′	56757 toises.
Inde	12° 32′	56762 —
France et Espagne	46° 8′	57025 —
Angleterre	52° 2′	57066 —
Laponie	66° 20′	57196 —

La longueur de l'arc d'un degré va donc sans cesse en augmentant de l'équateur au pôle.

Ce résultat confirme ce que nous avions prévu : la forme aplatie de la terre; on peut l'assimiler à un ellipsoïde de révolution (*fig.* 7), engendré par une ellipse tournant autour de son petit axe PP'. Il est facile de déterminer les éléments de cette ellipse, puisque l'on connaît la longueur AE, BP de l'arc d'un degré à l'équateur et au pôle; on en déduit les rayons de courbure CA, DB de l'ellipse méridienne; or, ces rayons s'expriment en fonction des axes seuls de l'ellipse; on a donc deux équations dont on déduit les deux axes EE', PP'. On trouve ainsi que

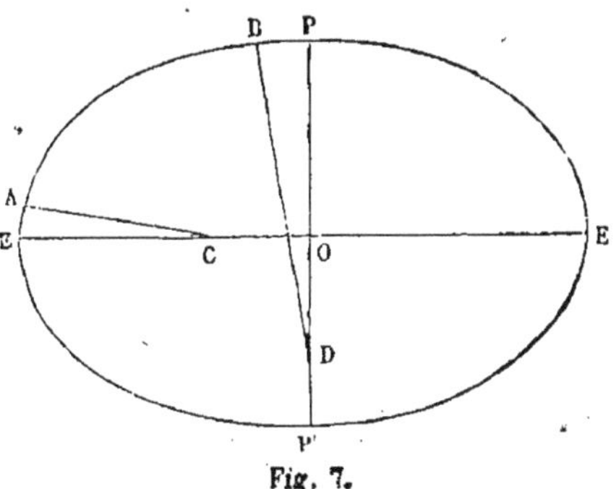

Fig. 7.

Le demi-diamètre de l'équateur a une longueur de. . .	6,377,398	mètres.
Le demi-diamètre du pôle a une longueur de.	6,356,080	—
La différence est de.	21,318	—

L'aplatissement de la terre, c'est-à-dire le rapport de la différence précédente au rayon de l'équateur, est d'environ $\frac{1}{300}$. Le globe terrestre ne diffère donc pas beaucoup d'une sphère, puisque, sur une sphère d'un mètre de rayon, il suffira d'enlever moins de 3 millimètres 1/2 aux pôles pour avoir la représentation de la terre.

Longueur du mètre. — Le mètre est la dix-millionième partie du quart du méridien terrestre.

C'est en 1790 que l'Assemblée nationale, voulant réduire à un seul type les innombrables mesures en usage sur toute la France, invita une commission de l'Académie à chercher ce type dans la nature, de telle sorte qu'on pût le retrouver à toutes les époques. Cette commission mesura la longueur du méridien de Dunkerque à Barcelone, et trouva, pour le quart du méridien terrestre, une longueur de 5,130,740 toises. La dix-millionième partie de cette quantité constitue la mesure universelle, le mètre.

Le mètre est donc égal à 3 pieds 11 lignes, plus une fraction.

La toise prise pour type était la toise en fer qui avait servi à la mesure d'une base géodésique au Pérou.

La valeur légale du mètre, conforme à l'étalon en platine déposé aux archives de l'État, est donc 0,513 de toise.

Le but que s'était proposé l'Assemblée nationale d'obtenir une mesure immuable et facile à retrouver n'est pas complétement atteint, car de nouveaux calculs ont montré que la longueur du quart du méridien, et par suite la longueur du mètre, calculée d'après les travaux de la commission de 1790, est un peu trop faible.

Des cartes géographiques. — Pour obtenir des cartes absolument exactes, il faut reproduire à une échelle quelconque le globe terrestre. Les globes d'une certaine dimension, par exemple d'un mètre de diamètre, sont précieux pour les démonstrations géographiques; mais ils coûtent cher et ne sont pas commodes; aussi leur préfère-t-on, le plus souvent, les mappemondes.

Les mappemondes sont des projections de la surface terrestre sur le plan d'un méridien; on marque sur une feuille séparée la projection de chaque hémisphère, et les deux feuilles réunies donnent une représentation de toute la terre.

Deux systèmes de projection sont généralement en usage :

1° *Projection orthographique.* — Elle consiste à projeter tous les points de la terre par des perpendiculaires au méridien choisi pour plan principal. C'est le procédé le plus simple (fig. 8); le méridien perpendiculaire au méridien de comparaison se projette évidemment suivant la ligne des pôles PP', les autres méridiens ont pour projections des ellipses. Les parallèles, qui sont tous normaux au plan de projection, se projettent suivant des cordes BB' perpendiculaires à la ligne des pôles. Il est facile de construire toutes ces projections par points.

Il est évident qu'avec un pareil système, on n'obtient qu'une image très-défor-

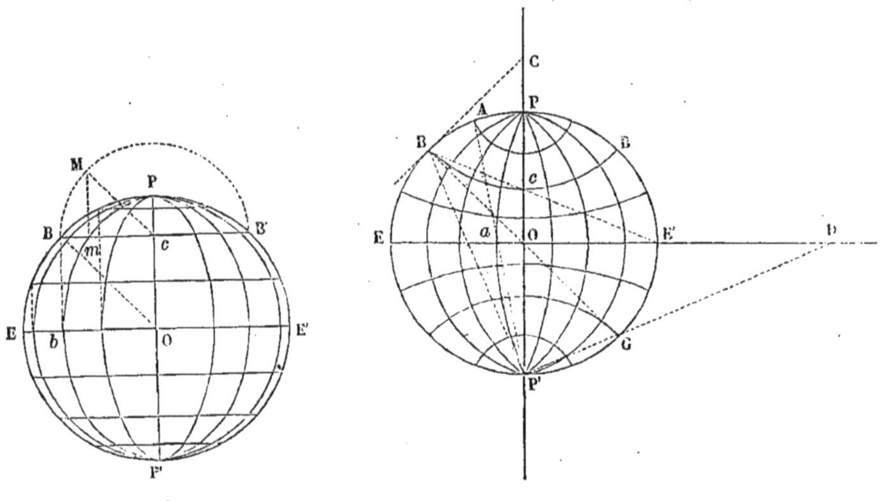

Fig. 8. Fig. 9.

mée, notamment sur les bords de l'hémisphère; on ne peut donc l'adopter d'une manière générale.

2° *Projection stéréographique.* — Elle consiste à prendre la perspective de la surface sur un plan méridien. On suppose l'œil de l'observateur placé à une extrémité du diamètre normal à ce méridien de projection, et jetant des rayons visuels sur tous les points de l'hémisphère opposée; l'intersection de tous ces rayons avec le méridien de projection donne la projection stéréographique de l'hémisphère (fig. 9).

On démontre géométriquement que les angles de deux lignes tracées sur la surface de la sphère se conservent en projection stéréographique (l'angle de deux lignes qui se coupent sur la sphère est mesuré par l'angle de leurs tangentes au point d'intersection).

Ceci admis, il est facile de démontrer que tous les cercles de la sphère, et notamment les méridiens et parallèles, se projettent suivant d'autres cercles sur le méridien principal ou tableau. En effet, soit PP' la ligne des pôles, PEP' le méridien principal; l'œil est situé en arrière de la figure, à l'extrémité du diamètre qui se projette au point O. Considérons le parallèle BB', et le cône circonscrit à la sphère suivant ce parallèle; ce cône a pour sommet le point C, et toutes les génératrices du cône, émanant du point C, sont tangentes à la sphère en un point du parallèle BB' et normales à la tangente au parallèle en ce point. Les angles étant conservés dans la projection stéréographique, il en résulte que toutes les droites situées dans le plan du tableau et passant en C sont normales à la projection du parallèle BB'. Or il n'y a que le cercle dont toutes les normales concourent en un point; donc la projection stéréographique du parallèle est un cercle dont C est le centre et B un point de la circonférence; par suite, CB est le rayon, et il est facile de décrire le cercle.

La démonstration précédente s'applique aussi bien à tous les autres cercles de la sphère.

La projection stéréographique est donc facile à construire; comme elle conserve les angles, l'aspect de la surface terrestre ne se trouve pas trop altéré, mais l'étendue relative des surfaces est complétement modifiée; les surfaces élémentaires, situées près du bord de l'hémisphère, sont dilatées, celles du centre sont réduites.

Pour leurs mappemondes, les Anglais tracent un méridien avec les deux diamètres rectangulaires PP′ et EE′, dont l'un représente la ligne des pôles, et l'autre l'équateur. Ces deux diamètres sont divisés en 180 parties égales, correspondant aux 180 degrés de longitude et de latitude de l'hémisphère; chaque demi-circonférence du méridien de projection est aussi divisée en 180 parties égales. En réunissant les points de même numéro, on trace des cercles représentant les parallèles et les méridiens; ces cercles sont déterminés puisqu'on a trois points pour les construire.

Citons encore la mappemonde homalographique (de *omalos*, plat), inventée par M. Babinet; les méridiens sont projetés suivant des ellipses ayant un axe commun, la ligne des pôles, et dont les sommets, situés sur l'autre axe EE′, sont équidistants. Les parallèles se projettent suivant des lignes droites inégalement espacées, mais normales à la ligne des pôles. La position respective de ces ellipses et de ces droites est calculée par une équation transcendante de manière à conserver exactement les rapports des surfaces, sans beaucoup altérer les angles.

Mais les mappemondes ne suffisent pas dans la pratique; il faut pouvoir dresser à une grande échelle des cartes particulières de chacune des régions du globe.

Si la sphère était développable, rien ne serait plus simple; il suffirait d'étendre sur un plan, à une échelle convenable, la portion que l'on désire. Mais, il n'en est pas ainsi, et l'on ne saurait obtenir, d'une manière exacte, sur un plan à la fois la surface et la forme d'un polygone sphérique.

On a dû recourir à des artifices, et substituer à la sphère des surfaces développables qui s'en rapprochent plus ou moins sur une certaine étendue.

Développement conique. — Si l'on considère une surface restreinte de pays et sa latitude moyenne, on peut, dans une certaine mesure, confondre la surface sphérique de cette région avec la zone correspondante du cône circonscrit à la sphère le long du parallèle moyen de la région. Cette zone conique se développe, et, en plan, les parallèles deviennent des cercles ayant pour centre le sommet du cône circonscrit, les méridiens sont représentés par des génératrices du cône interceptant sur les parallèles des arcs égaux.

Développement de la carte de France. — Ce système a été perfectionné pour la carte de France, dressée par les officiers d'état-major.

Soit AA′ le parallèle moyen de la France (fig. 10), et AO la génératrice du cône circonscrit suivant ce parallèle. On suppose que la surface du sol se confond avec celle de ce cône développé, et du point (*o*) comme centre, on décrit le parallèle (*aa*′); les autres parallèles sont décrits du même point (*o*), mais on prend pour les longueurs telles que (*ab*), non pas la distance AB comptée sur la génératrice du cône, mais la distance AB comptée sur l'arc du méridien. Les méridiens s'obtiennent en prenant sur les parallèles des arcs *aa'*, *bb'*, *cc'*, égaux à AA', BB', CC'.

Ce procédé est évidemment beaucoup plus exact que le développement conique simple; il conserve mieux à la fois la forme et la surface.

Carte de Flamsteed. — On développe en ligne droite l'équateur et le méridien principal, et l'on représente, par des perpendiculaires à la droite méridienne

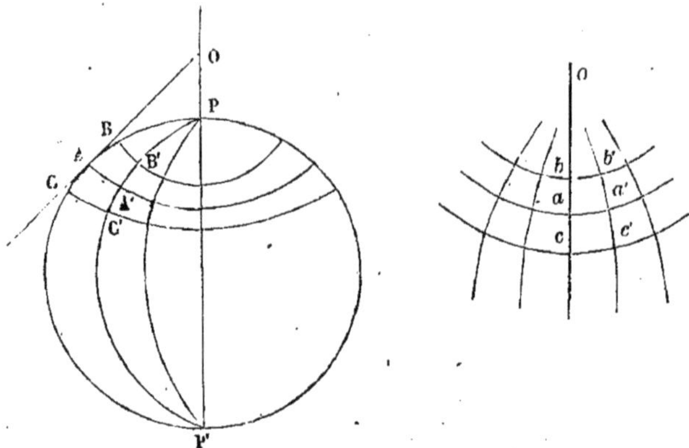

Fig. 10.

les parallèles sur lesquels on porte des longueurs égales aux arcs interceptés sur ces parallèles par les méridiens successifs. Les surfaces sont conservées, mais les angles s'altèrent rapidement.

Le système de la carte de France est intermédiaire entre le développement conique et le développement de Flamsteed.

Cartes de marine. — Pour la commodité des manœuvres et la régularité de la marche des navires, les pilotes s'arrangent de manière à couper sous le même angle tous les méridiens qu'ils rencontrent entre le point de départ et le point d'arrivée. De la sorte, ils ne suivent pas le chemin le plus court, puisque ce serait un arc de grand cercle; ils parcourent une courbe particulière, la loxodromie (chemin oblique), dont les propriétés sont très-intéressantes. (Voy. à ce sujet un mémoire de M. A. Sartiaux, ingénieur des ponts et chaussées.)

La loxodromie est donc déterminée par son angle. Les cartes de marine ont pour but de donner immédiatement cet angle.

A cet effet, l'équateur est développé en ligne droite, et les méridiens sont représentés par des perpendiculaires à cette droite; les cercles de latitude sont des droites parallèles à l'équateur, et dont l'espacement est calculé de telle sorte que les angles des courbes, qui se coupent sur la sphère, soient conservés sur la carte.

La loxodromie s'obtient immédiatement sur une pareille carte en joignant par une droite le point de départ au point d'arrivée. On en déduit l'angle cherché, et on agit sur le gouvernail, de manière à ce que l'aiguille aimantée de la boussole fasse avec l'axe longitudinal du navire un angle constamment égal à l'angle de la loxodromie, augmenté ou diminué de la déclinaison magnétique. (On appelle déclinaison de l'aiguille aimantée l'angle que cette aiguille fait en chaque région du globe avec le méridien géographique; la déclinaison est connue pour toutes les régions du globe.)

Cartes avec courbes de niveau. — Les cartes précédentes ne représentent que des projections sur la surface de niveau moyen; mais elles ne marquent point le relief du pays. On peut le figurer et l'indiquer aux yeux avec le secours du dessin, en marquant par des hachures ou par des teintes fondues, plus ou moins accentuées, toutes les pentes du sol.

Mais ce n'est jamais là une opération mathématique, de laquelle on puisse déduire exactement l'altitude d'un point.

Nous avons défini ce qu'il fallait entendre par surfaces de niveau, ce sont des surfaces parallèles qui, en chaque point, ont pour normale commune la direction de la pesanteur, c'est-à-dire la verticale. Parmi ces surfaces, on choisit comme origine celle qui passe par le niveau moyen de la mer, et l'altitude d'un point est représentée par la portion de verticale comprise entre ce point et la surface du niveau moyen de la mer.

Imaginez par la pensée que toutes les surfaces de niveau, dont l'altitude varie de 10 mètres en 10 mètres, soient représentées dans l'espace, elles couperont le sol suivant des courbes que l'on appelle les courbes de niveau. Ainsi, une montagne portera sur ses flancs une série de courbes de niveau espacées de 10 mètres en 10 mètres, et qui, par leur projection, donneront la forme de la montagne.

Ces courbes sont marquées sur la carte de l'État-major au $\frac{1}{40000}$, et elles rendent de grands services.

Pour une région limitée, les surfaces de niveau sont remplacées par leurs plans tangents, et les courbes de niveau s'obtiennent en coupant le sol par des plans horizontaux espacés de 10 mètres en 10 mètres. Les courbes d'intersection, projetées sur le plan horizontal qui correspond au niveau de la mer, représentent le relief de pays, et permettent de connaître exactement l'altitude d'un point qui se trouve sur une courbe de niveau, et d'une manière approchée l'altitude d'un point compris entre deux courbes de niveau successives.

Cette méthode de représentation s'appelle méthode des plans cotés; nous en avons dit quelques mots en géométrie descriptive, il était utile d'y revenir.

On voit sur la figure 11 la représentation d'une colline par un plan coté; les courbes de niveau sont marquées de mètre en mètre; cette colline est coupée par

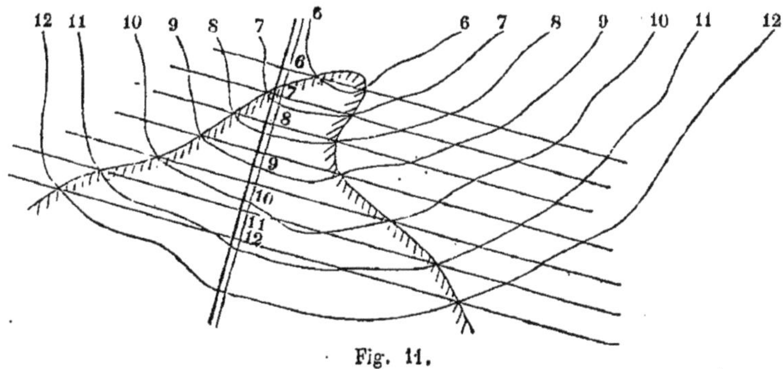

Fig. 11.

un plan incliné, que représentent une série de droites parallèles et équidistantes; ce sont des horizontales du plan, et la droite marquée par un double trait est sa ligne de plus grande pente : on obtient l'intersection cherchée, en réunissant par une courbe les points de rencontre des lignes de niveau, courbes ou droites, qui portent le même numéro.

Veut-on obtenir sur un plan coté l'altitude d'un point intermédiaire entre deux courbes de niveau : on mène par ce point une droite qui soit, autant que possible, normale aux deux courbes, c'est-à-dire qui se rapproche de la ligne de plus grande pente passant au point considéré, on cherche dans quel rapport cette droite est divisée par le point, et l'on divise dans le même rapport la différence d'altitude entre les deux courbes voisines.

Veut-on maintenant trouver la pente d'une ligne (*ab*), figure 12, tracée sur un plan coté : on remarque que (*ab*) est la distance horizontale qui sépare les points (*a*) et (*b*), d'autre part on connaît leur distance verticale, mesurée par l'intervalle des courbes de niveau ; on a donc les deux côtés *a*B, *a*A du triangle rectangle dont l'angle AB*a* mesure la pente cherchée.

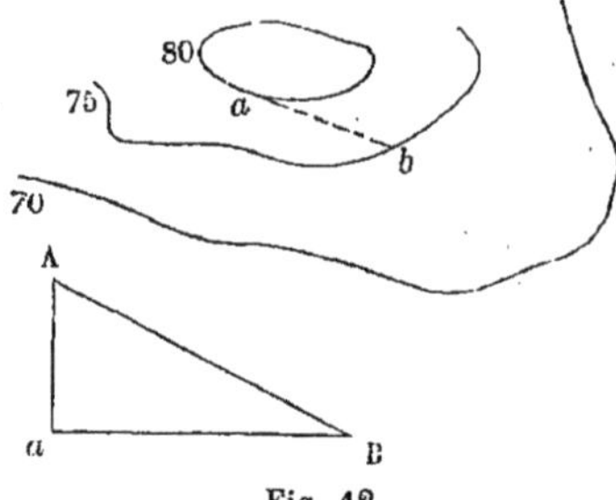

Fig. 12.

Le problème inverse : tracer sur un plan coté une ligne de pente donnée est aussi facile. Étant donné le point de départ en (*a*), on décrit avec (*ab*) pour rayon un arc de cercle qui donne le point (*b*) : la longueur (*ab*) est connue, puisque dans le triangle rectangle AB*a* on a un côté A*a* et l'angle B. On n'a même pas besoin de construire ce rectangle ; lorsque les courbes sont espacées de 10 mètres, un simple calcul de tête donne immédiatement la distance *ab*.

Par ce moyen, on peut étudier sur un plan coté les avant-projets de routes et de voies de toutes espèces, et l'on arrive rapidement à de bons résultats.

Nivellement général de la France. — Voici quelques passages du préambule de l'ouvrage qui contient tous les résultats du nivellement général de la France, exécuté sous la direction de M. Bourdaloue, conducteur principal des ponts et chaussées :

« Le nivellement général de la France est destiné à procurer une connaissance du relief du terrain, assez détaillée pour faciliter et simplifier toutes les études qui ont pour objet l'établissement de voies de communication ou l'amélioration du sol. Une opération aussi vaste doit comprendre nécessairement :

« 1° L'établissement d'un réseau principal de lignes de base, tracées de manière à pénétrer dans tous les départements et à procurer, pour les nivellements ultérieurs, des repères rapportés à une même surface de niveau ;

« 2° L'établissement de réseaux secondaires dans les grands compartiments formés par les lignes de base ;

« 3° Enfin les nivellements de détail.

« La première partie de ce travail est seule terminée.

« Les lignes de base ont ensemble un développement de 14,980 kilomètres en nombre rond. Elles suivent les principaux fleuves, les canaux navigables, les grandes lignes de chemins de fer, etc. Elles relient entre eux tous les chefs-lieux de département de la France continentale.

« Leur tracé est indiqué par des repères immuables dont le plus grand nombre portent inscrite leur altitude. La distance entre deux repères consécutifs est, en moyenne, d'environ 1 kilomètre.

« Le nivellement de ce réseau a été confié à M. Bourdaloue qui, après avoir doté le département du Cher d'un nivellement général, avait proposé d'entreprendre un travail semblable pour chacun des autres départements. M. Bourdaloue s'était fait déjà connaître par des perfectionnements notables apportés aux instruments et aux méthodes de nivellement. Le conseil général des ponts et chaussées, appelé à donner son avis sur sa proposition, l'avait désigné comme présentant, par ses travaux dans cette spécialité, sa capacité et son désintéressement, toutes les garanties qu'on pouvait désirer pour une opération de cette importance.

« Tous les détails de l'opération fondamentale du nivellement des lignes de base ont été soumis au contrôle de l'administration, qui a pu s'assurer, au fur et à mesure de l'avancement du travail que tout s'accomplissait dans les conditions voulues pour inspirer une confiance entière dans les résultats.

« Cette confiance repose non-seulement sur les soins habiles et consciencieux apportés dans l'exécution, mais encore sur les conditions que l'on s'est imposées et que l'on croit devoir indiquer ici.

« Chacune des lignes principales a été parcourue et nivelée trois fois par deux opérateurs observant indépendamment l'un de l'autre et se contrôlant mutuellement. Par ce moyen, on avait en quelque sorte six nivellements de la même ligne, et, par conséquent, six déterminations de la différence de niveau d'un repère au suivant.

« Ces six déterminations étaient mises en regard dans un registre tenu à cet effet. Lorsqu'elles présentaient un accord complet, l'opération était tenue pour bonne. En cas de désaccord notable, on procédait à de nouvelles déterminations pour les parties de la ligne qui donnaient lieu à des doutes, et on recommençait jusqu'à ce que l'on eût obtenu un accord satisfaisant.

« On a procédé de même pour les lignes secondaires ; la seule différence, c'est que le nombre des parcours a été réduit à deux au lieu de trois.

« En suivant cette marche, qui permettait de découvrir à coup sûr les parties de nivellement défectueuses et de les remplacer par d'autres, on a obtenu des résultats d'une précision inespérée et qui ont même dépassé les engagements pris par M. Bourdaloue. Les divers polygones ou circuits formés par les lignes composant le réseau se sont fermés avec de très-petits écarts. En considérant l'ensemble de ces écarts, on est autorisé à conclure qu'aucune des altitudes obtenues n'est affectée d'une erreur dépassant 3 centimètres.

« Toutes les observations originales ont été visées *ne varietur* avant d'être mises en œuvre. On les a réunies en volumes qui seront conservés et auxquels on pourra recourir au besoin.

« Les altitudes fournies par ce travail ont été rapportées au *niveau moyen de la mer*. Les premières opérations avaient été rapportées au niveau moyen de l'Océan observé à Saint-Nazaire. Mais ces opérations elles-mêmes ont fait connaître que les niveaux moyens observés sur les divers points du littoral, tant de l'Océan que de la Manche, diffèrent sensiblement les uns des autres. En présence de ce fait et de la difficulté d'arriver à une détermination rigoureuse, au milieu de phénomènes aussi compliqués que les mouvements de la mer, on a choisi pour niveau moyen celui de la Méditerranée à Marseille.

« Cette mer, dont les mouvements sont peu sensibles, a paru offrir une surface de niveau plus convenable pour l'objet que l'on se proposait. C'est ainsi que l'on a été conduit à adopter, comme niveau moyen, la surface de niveau passant à $0^{m},40$ au-dessus du zéro de l'échelle des marées, à Marseille, et c'est à cette surface que sont rapportées les altitudes consignées dans le recueil. »

Il est regrettable que le nivellement général ne soit pas encore terminé; sans doute, les lignes de base et les repères disséminés dans le pays par M. Bourdaloue sont fort utiles; mais cela ne dispense point des nouveaux nivellements à exécuter, lorsqu'on a à étudier une route ou un chemin de fer, et le coût kilométrique de ces opérations de nivellement est relativement considérable.

Ce serait une opération plus utile qu'on ne le croirait au premier abord, et destinée à procurer de grandes économies pour l'avenir, que celle du nivellement général de chaque département. Les travaux publics de toutes espèces, l'agriculture, les recherches hydrologiques et géologiques y trouveraient un grand avantage.

Une pareille entreprise reviendrait probablement à 50,000 francs par département, si l'on devait l'exécuter avec un personnel spécial; mais il est certain que la dépense pourrait se trouver considérablement réduite en demandant ce travail aux employés des ponts et chaussées, sous la direction et le contrôle minutieux des ingénieurs.

Dans la plupart des bureaux d'ingénieurs, il existe bien un registre des nivellements faits sur les routes ou canaux de l'arrondissement; mais tous ces résultats ne sont aucunement reliés entre eux, et ils ont été trop peu contrôlés pour qu'on puisse leur accorder une confiance absolue.

OBJET DU NIVELLEMENT, DU LEVER DES PLANS

ET DE L'ARPENTAGE

Déterminer la position d'un point de la terre au moyen de trois coordonnées, tel est le problème général que résout la géodésie.

D'ordinaire, les trois coordonnées sont les suivantes : la longitude, la latitude et l'altitude au-dessus du niveau moyen de la mer.

On fait quelquefois abstraction de la troisième coordonnée, l'altitude, et les cartes représentent alors simplement la projection de tous les points de la terre sur la surface de niveau moyenne.

Le problème général de la géodésie s'applique surtout à de grandes étendues de pays, pour lesquelles la courbure des surfaces de niveau est apparente.

Quand il s'agit d'une région peu étendue, le problème se simplifie ; on remplace la surface de niveau par son plan tangent, c'est-à-dire par un plan horizontal déterminé ; on fixe par deux coordonnées la position de la projection des divers points du sol sur ce plan, et les points eux-mêmes se trouvent complétement déterminés au moyen de leur altitude au-dessus du plan horizontal, qui est lui-même repéré par rapport à la surface théorique représentant le niveau moyen de la mer.

Les appareils de nivellement qui donnent à la fois les trois coordonnées d'un point sont les plus commodes, quoique les plus complexes.

Mais, le plus souvent, on a encore aujourd'hui recours à des opérations séparées ; ainsi, on détermine la projection sur le plan horizontal au moyen d'un appareil spécial, puis on cherche les altitudes avec un autre appareil qui est un niveau ordinaire.

Lorsqu'on ne veut avoir que la projection sur une surface de niveau, c'est-à-dire sur un plan horizontal, on n'a besoin que des deux coordonnées situées dans ce plan ; l'altitude est inutile. On fait ce qu'on appelle un lever de plan.

Enfin, la dernière opération que nous nous proposions d'exécuter, c'est l'arpentage.

L'arpentage est la science qui permet de calculer la superficie des champs de toutes espèces, quelles que soient leur forme et leur étendue.

Ces courtes explications différencient nettement les trois opérations : arpentage, lever des plans, nivellement, que nous allons exposer en deux chapitres distincts, savoir : 1er chapitre, *Arpentage et lever des plans ;* 2e chapitre, *Nivellement.*

CHAPITRE II

ARPENTAGE ET LEVER DES PLANS

Considérations générales. — L'arpentage et le lever des plans sont deux opérations absolument analogues : elles consistent à projeter la surface d'un terrain sur un plan déterminé.

Pour le lever des plans, on choisit un plan de projection horizontale; pour l'arpentage, on a l'habitude, au contraire, de prendre un plan de projection parallèle à la surface du terrain, de telle sorte que celui-ci s'y projette en vraie grandeur.

Lever un plan, c'est mesurer sur le terrain les angles et les longueurs nécessaires pour construire la projection du sol et de ses divisions; on rapporte ensuite les résultats sur une feuille de papier, et il en résulte une image du sol à une échelle plus ou moins réduite.

Arpenter une pièce de terre, c'est en trouver la superficie; l'opération sur le terrain, suivie d'un calcul, est suffisante pour cela ; mais, la plupart du temps, l'arpentage consiste à lever le plan de la pièce de terre, à le dessiner ensuite à une échelle donnée, et c'est sur le dessin que l'on calcule les superficies.

Arpentage est une locution vicieuse, dont l'étymologie est le mot arpent, nom de la mesure agraire la plus usitée en France avant l'apparition du système métrique. Il serait plus rationnel de substituer métrage à arpentage.

L'arpentage, avons-nous dit, consiste à prendre la superficie même d'une pièce de terre : il serait plus logique et plus juste de considérer comme la véritable étendue d'un champ sa projection horizontale, car une surface ainsi mesurée représenterait beaucoup mieux ce que nous appellerons l'étendue productive.

En effet, les productions principales des champs croissent verticalement ; on sait qu'il faut une certaine distance entre les mêmes plantes pour qu'elles puissent s'élever et grossir sans se nuire ou s'étouffer réciproquement; c'est donc une erreur que de vouloir mesurer un champ en pente, comme on mesurerait un tapis ou une toile qui le couvrirait et qui occuperait vraiment sa superficie extérieure.

Mais on a l'habitude de prendre la superficie réelle, qui, du reste, est entièrement productive pour certains produits restant à fleur du sol ; les propriétaires ne se prêteraient probablement pas à une méthode qui aurait pour effet apparent de leur faire perdre du terrain. L'inconvénient de la manière de faire n'est, du reste, jamais bien grand, car les terrains se classent naturellement par le prix du mètre superficiel, et, à valeur égale du sol, le terrain notablement incliné sera toujours moins cher que celui qui est à plat.

Ces observations achevées, passons à la description des diverses méthodes d'arpentage et de lever de plans. D'ordinaire, on commence par décrire, dans un paragraphe spécial, les instruments en usage; puis on expose la manière dont il faut procéder aux opérations. Pour éviter des redites, nous avons préféré exposer successivement les diverses manières d'opérer, et décrire chaque instrument quand nous aurons à en parler.

Tracer un alignement droit sur le terrain avec des jalons. — Une série de points ou une ligne forment sur le terrain un alignement droit, lorsque tous ses éléments sont contenus dans un même plan vertical. Ainsi, plusieurs points sont en alignement droit lorsque toutes les verticales qui passent en ces points sont dans un même plan.

Par extension, alignement droit s'entend plutôt de la trace du plan commun sur le sol.

En géodésie, la trace d'un alignement droit sur une surface de niveau est un arc du grand cercle de la sphère terrestre.

Sur une surface peu étendue, les alignements droits sont donnés par tous les plans verticaux, et leur trace sur un plan de niveau est évidemment une horizontale; leur trace sur le sol est une courbe plus ou moins ondulée, suivant le relief, mais contenue tout entière dans un plan vertical.

C'est cette courbe qu'il s'agit de tracer sur le terrain. Les alignements sont répérés au moyen de *jalons*, tiges bien droites en bois ou en fer. On fait de bons jalons en coupant dans les forêts des baguettes d'un bois bien droit, comme le noisetier, le châtaignier, le saule; on fait une pointe à un bout, et à l'autre une fente longitudinale dans laquelle on engage une carte, qui permet d'apercevoir le jalon à une distance raisonnable. Dans les services permanents on se sert de tiges de bois prismatiques, garnies à un bout d'une douille pointue, à l'autre d'une plaque rectangulaire, peinte en couleur vive.

Quand on a de longs tracés à faire, on a soin de planter aux extrémités de chaque alignement de véritables mâts ou balises, terminés par un petit drapeau.

Les jalons doivent être enfoncés en terre bien verticalement; on se sert du fil à plomb pour vérifier leur position, et les redresser si cela est nécessaire.

Ils doivent aussi être fortement implantés dans le sol, afin de résister à la violence des vents et aux légers chocs; on les enfonce donc en les saisissant par le pied, pour ne pas les briser, et on comprime la terre en la piétinant tout autour. Si le sol n'est point pénétrable, on maintient le jalon en l'entourant d'un massif de terre ou de pierres.

Pour planter les balises, on creuse un trou sur une paroi verticale duquel on applique la balise; on vient ensuite enfoncer contre elle un pieu solide qui la maintient; le trou est rempli avec de la terre pilonnée.

Les deux extrémités d'une ligne étant données, il s'agit de l'indiquer sur le terrain, au moyen de jalons espacés d'une manière à peu près régulière. L'arpenteur se place, en dehors de la ligne, derrière le jalon de tête, et dirige son regard de manière à apercevoir l'extrémité B de la ligne dans le même plan vertical que le jalon de tête; celui-ci et le point B doivent se projeter l'un sur l'autre (fig. 13).

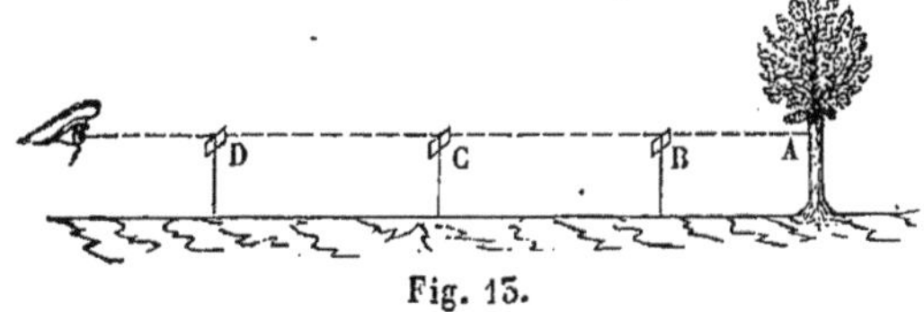

Fig. 13.

Le jalonneur avance avec tous ses jalons dans la direction de l'alignement; il compte ses pas et s'arrête toutes les fois qu'il a parcouru une distance fixée par l'opérateur; alors il se retourne et présente un jalon bien vertical; l'opérateur lui fait signe de la main de se porter à droite ou à gauche, et, lorsqu'il a trouvé la position convenable, il lui fait signe d'enfoncer ; le jalonneur doit prendre ses précautions pour planter son jalon bien vertical. Il continue sa marche et plante un second jalon, en se guidant sur les deux premiers et en obéissant aux signes de l'opérateur, qui ne cesse point de vérifier la ligne.

Lorsqu'on doit jalonner une ligne ondulée, il est utile de planter de place en place, sur l'alignement, de hautes balises qui facilitent beaucoup la direction.

Dans certains cas, en se plaçant à une extrémité de la ligne, on ne peut apercevoir l'autre extrémité (fig. 14). Voici comment on doit opérer : on place deux jalons C et D à peu près dans l'alignement voulu, et de telle sorte que du point C on aperçoive B, et que de D on aperçoive A. L'observateur se met en C et fait placer D dans l'alignement CB ; puis il va en D et fait placer C dans l'alignement DA ; il retourne en C pour faire mettre D dans le nouvel alignement CB ; puis il revient en D, et ainsi de suite. Si l'on veut se représenter l'opération en plan, on reconnaît que les triangles ACB, ADB s'aplatissent de plus en plus, pour se réduire enfin à leur base commune AB. A ce moment, l'alignement est tracé, et on le complète par des jalons intermédiaires.

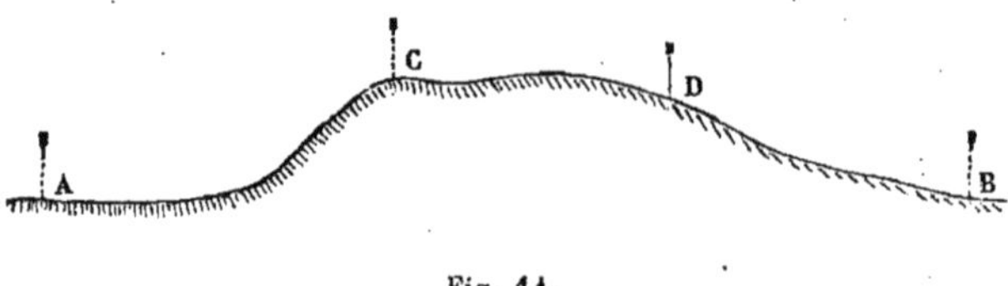

Fig. 14.

Tracer un alignement avec la lunette astronomique. — La vision de l'œil n'est pas assez parfaite pour fournir exactement un alignement droit dont une des extrémités est à une grande distance : aussi, pour obtenir une vision plus distincte, a-t-on recours à la lunette astronomique.

Nous l'avons décrite en physique, et cependant, comme elle est la base des plus importants appareils de géodésie, nous reprendrons cette description et nous la compléterons ici.

Notions d'optique. — Rappelons d'abord les lois de la réflexion et de la réfraction.

Lorsqu'un rayon lumineux tombe sur une surface polie, un miroir, par exemple, il n'est pas absorbé, mais se réfléchit : si l'on mène la normale au miroir au point où le rayon lumineux le rencontre, on reconnaît que cette normale est dans le même plan que les deux rayons incident et réfléchi, et qu'elle fait avec chacun d'eux des angles égaux, ce qui s'énonce en disant : l'angle d'incidence est égal à l'angle de réflexion.

Lorsqu'un rayon lumineux IC rencontre une surface transparente AB, telle que l'eau ou le verre, il la pénètre et se change en un rayon réfracté CR. Le rayon réfracté, le rayon incident et la normale CN sont dans un même plan. Le sinus IP de l'angle d'incidence et le sinus QR de l'angle de réfraction sont toujours dans un rapport constant, quand la lumière traverse successivement les deux mêmes milieux ; ce rapport constant (n) est l'indice de réfraction, et l'indice principal de réfraction d'une substance donnée est la valeur de (n) lorsqu'un rayon lumineux passe du vide

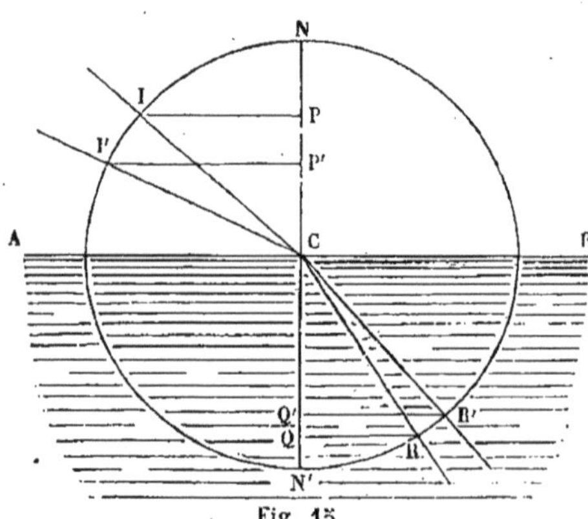

Fig. 15.

dans cette substance. Si l'ordre des substances traversées change, l'indice de réfraction prend une valeur inverse.

Soit un rayon lumineux PD (fig. 16) qui rencontre une sphère de verre MN, dont le centre est en O et qui a pour rayon (r). OD est la normale au point d'incidence, DP′ le rayon réfracté fait avec cette normale un angle i' plus petit que l'angle incident i. Appelons p et p' les distances des points P et P′ à la surface de séparation, c'est-à-dire au point K, et soit a, b, c les angles du rayon incident, du rayon OD de la sphère, et du rayon réfracté avec l'axe XY. La surface MN étant peu étendue par rapport à la sphère, nous admettrons que les sinus et les tangentes des angles a, b, c se confondent avec ces angles, c'est-à-dire avec les arcs qui les mesurent. Nous aurons donc les équations

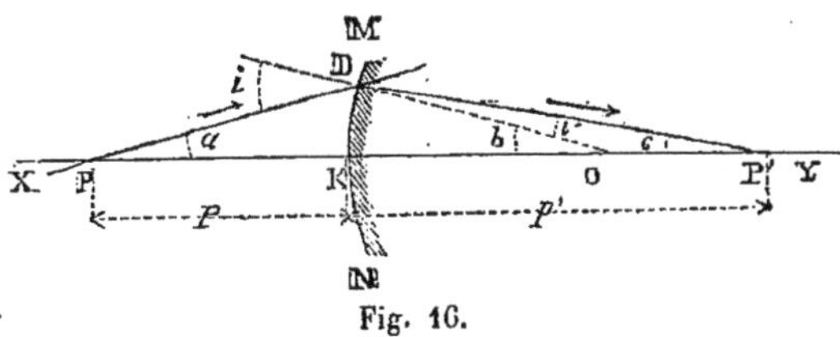

Fig. 16.

$$i = ni' \quad i = a + b \quad i' = b - c,$$

d'où

$$a + b = n(b - c), \text{ ou } (1)\ a + nc = (n - 1)\,b.$$

Si l'on remplace les angles a, b, c par leurs tangentes qui sont inversement proportionnelles à p, p' et r, on aura :

$$(2)\ \frac{1}{p} + \frac{n}{p'} = \frac{n-1}{r}$$

On voit que, p étant donné, p' est indépendant des angles d'incidence et de réfraction : donc, si P est un foyer lumineux, tous les rayons qui en émaneront, et qui seront réfractés à la surface MN, concourront au point P′. P′ sera donc l'image de P, et on peut, dans tous les cas, en déterminer la position au moyen de l'équation (2).

Si le point lumineux s'éloigne à l'infini vers X, l'équation (2) donne pour p' la valeur $\frac{nr}{n-1}$, puisque $\frac{1}{p}$ est nul; à cette valeur correspond ce qu'on appelle le foyer principal F (fig. 17).

Supposez que le point lumineux P, au lieu de s'éloigner indéfiniment suivant le rayon OX, s'éloigne suivant un autre rayon, on voit que la valeur de $p' = \frac{nr}{n-1}$, indépendante de la direction sera constante, et les images des divers points P′ se feront sur une sphère décrite du point O comme centre avec OF comme rayon. Si l'on réfléchit que tout ce que nous venons de dire n'approche de la vérité qu'autant que l'amplitude MON du miroir est très-faible par rapport à la sphère complète, on reconnaîtra que la portion de sphère, qui est le lieu des points F, se confond avec son plan tangent au foyer principal F, c'est-à-dire avec un plan perpendiculaire à OF. La petite portion de plan qui avoisine F s'appelle le plan focal principal; c'est sur elle que les points très-éloignés de la surface MN ont leur image.

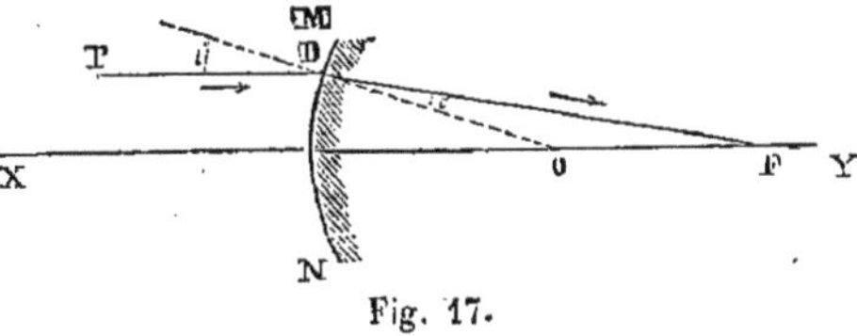

Fig. 17.

Supposons, au contraire, que le faisceau conique, ayant pour base le cercle de corde MN et pour sommet le point lumineux P, se transforme, par la réfraction, en un faisceau cylindrique, P′ s'éloigne à l'infini, et l'on a : $p = \frac{r}{n-1}$, c'est-à-dire que (p) est constant, quelle que soit la direction du cylindre réfracté ; par le même raisonnement que tout à l'heure, nous voyons qu'à cette valeur constante de (p) correspondent un second foyer principal et un second plan focal principal, situé à gauche de la surface MN, et tel, que tout point lumineux situé dans ce plan voit, par la réfraction, son faisceau lumineux conique transformé en faisceau cylindrique.

De la surface théorique MN, passons aux lentilles. Une lentille est un corps en verre limité à deux surfaces sphériques d'un rayon relativement considérable par rapport à l'épaisseur de la lentille.

La figure 18 représente une lentille biconcave. Quelle est la marche des rayons lumineux qui la traversent ? Il est facile de la suivre en appliquant les lois de la

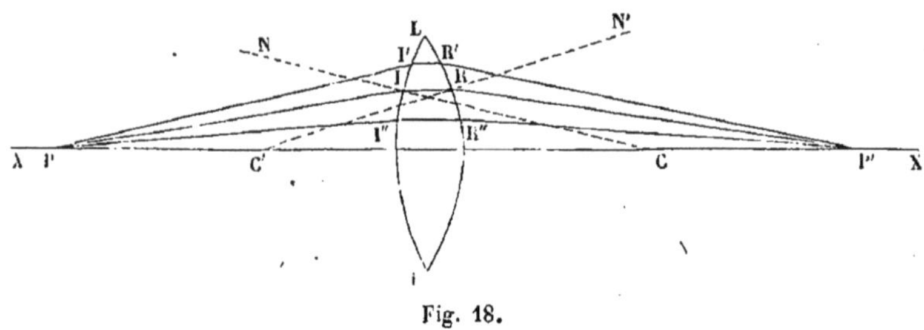

Fig. 18.

réfraction. Un rayon incident PI se réfracte suivant un rayon IR qui se rapproche de la normale IN, de telle sorte que le rapport du sinus d'incidence au sinus de réfraction soit égal à l'indice de réfraction (passage de l'air dans le verre) ; le rayon IR chemine dans la lentille jusqu'à la surface de sortie, et le rayon émergent s'éloigne de la normale RN′. On voit qu'en somme la lentille a pour effet, comme le prisme, de rejeter vers le bas un rayon qui tombait sur elle dirigé vers le haut, car PI est le rayon incident et RP′ le rayon réfracté.

On peut, par le calcul, trouver ce qui se passe dans les différents cas ; mais c'est une marche longue et pénible ; les résultats seuls nous sont nécessaires, et l'expérience nous les fournit.

On appelle axe principal d'une lentille la ligne des centres des deux sphères

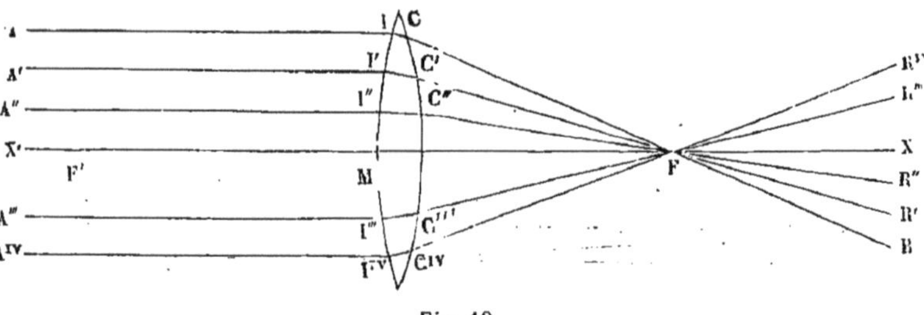

Fig. 19.

qui limitent cette lentille ; un rayon incident, qui tombe sur la lentille suivant cet axe, n'a subi à la sortie aucune déviation.

Si l'on place une lumière, à une distance très-éloignée, sur l'axe principal de la lentille XX', cette lumière enverra à la lentille un faisceau cylindrique de rayons lumineux qui, tous, concourront en un point F de l'axe principal (fig. 19), ainsi qu'il est facile de le reconnaître en cherchant avec un écran l'image de la lumière; on voit que cette image se produit nettement en un point F de l'axe.

Cette expérience se fait dans une chambre obscure, dont le volet porte un trou par lequel on reçoit un faisceau de rayons solaires.

En retournant la lentille, on reconnaît l'existence d'un second foyer principal F'.

Si la source lumineuse se rapproche sur l'axe principal et vient, par exemple, en P (fig. 18), on recueille sur l'écran l'image de cette lumière en un point P' de l'axe principal, de l'autre côté de la lentille. Si, inversement, on place la source lumineuse en P', on recueillera l'image en P : les points P et P' sont ce qu'on appelle des foyers conjugués.

Nous avons vu que tout rayon dirigé suivant l'axe principal de la lentille ne subissait aucune réfraction; il est d'autres axes suivant lesquels les directions d'incidence et d'émergence sont parallèles et presque dans le prolongement l'une de l'autre.

Les deux points M et M' ayant leurs tangentes parallèles, si M'I est la direction d'un rayon incident qui, dans l'intérieur de la lentille, prend la direction M'M, il émergera suivant un rayon MR parallèle au rayon incident; car la quantité, dont le rayon se rapproche de la normale à son entrée dans le verre, est égale à la quantité dont il s'en écarte à sa sortie. Comme l'épaisseur de la lentille est faible, on peut admettre, sans grande erreur, que les deux rayons IM', RM sont dans le prolongement l'un de l'autre. Le point O d'intersection de l'axe secondaire ainsi obtenu avec l'axe principal est fixe, car les tangentes en M et M' étant parallèles, les normales, c'est-à-dire les rayons CM, C'M' le sont aussi, les triangles C'M'O, CMO sont semblables, et l'on a

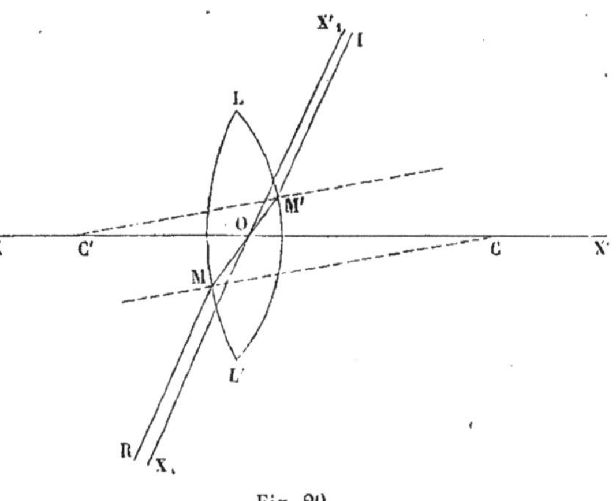

Fig. 20.

$$\frac{C'O}{CO} = \frac{C'M'}{CM} = \frac{r'}{r};$$

le rapport est constant, et le point O est fixe.

Ce point O, par lequel passent tous les axes de la lentille, est ce qu'on appelle le centre optique.

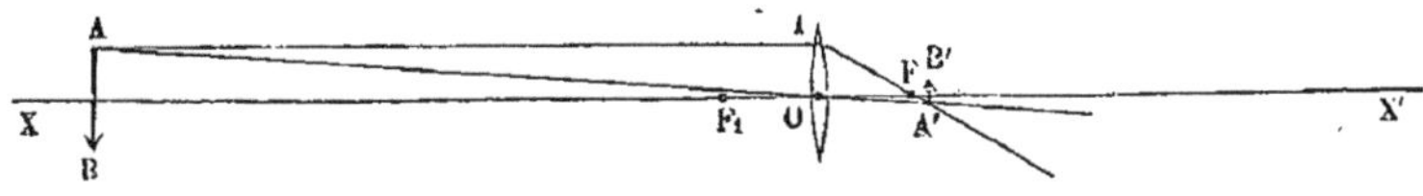

Fig. 21.

La construction des images et des foyers conjugués est la même sur les axes secondaires que sur l'axe principal.

Cela va nous servir à construire l'image d'un objet AB (fig. 21). Le point A a son image sur l'axe secondaire AO; de plus, le rayon AI, parallèle à l'axe principal, émerge en passant par le point F; on peut donc construire approximativement son rayon émergent en joignant IF (on néglige l'épaisseur de la lentille). L'intersection de AO et de IF donne l'image A′ du point A. On obtient de même B′.

Les triangles AIA′, OFA′ sont semblables et donnent

$$\frac{AA'}{AI}=\frac{OA'}{OF};$$

or AI est sensiblement égal à la distance (p) de l'objet à la lentille, OA′ diffère peu de la distance p' de l'image à la lentille; d'après cela, $AA'=p+p'$, et si l'on appelle f la distance focale principale, on a la formule

$$\frac{p+p'}{p}=\frac{p'}{f},$$

ou bien

$$\frac{1}{p}+\frac{1}{p'}=\frac{1}{f},$$

qui lie la position de l'image à celle de l'objet.

Lorsque l'objet est à l'infini sur un axe de la lentille, on voit que $p'=f$, il y a une image qui se fait au foyer principal F, à mesure que p diminue, $\frac{1}{p}$ augmente, $\frac{1}{p'}$ diminue, par suite p' augmente indéfiniment, jusqu'à ce que $p=f$, alors p' est infini. A ce moment, l'objet est en F_1, symétrique de F, et son image est à l'infini dans la direction FX′.

Quand l'objet passe entre le point F_1 et la lentille, il n'y a plus d'image; le phénomène et la formule changent, comme on le voit sur la figure 22; les lignes AO et IF ne se rencontrent plus à droite de la lentille, mais à gauche en A′, et on obtient une image A′B′ de l'objet, que l'on ne peut recueillir sur écran. Si l'œil se place derrière la lentille, du côté opposé à l'objet, de manière à recevoir les rayons émergents, tels que FI et FX, le mécanisme de la vision prolonge forcément ces rayons jusqu'à leur point de rencontre en A′, et ce n'est pas le point A que l'on voit, mais le point A′. L'objet AB semble, pour l'œil tout entier, transporté en A′B′; on a ce qu'on appelle une image virtuelle de l'objet.

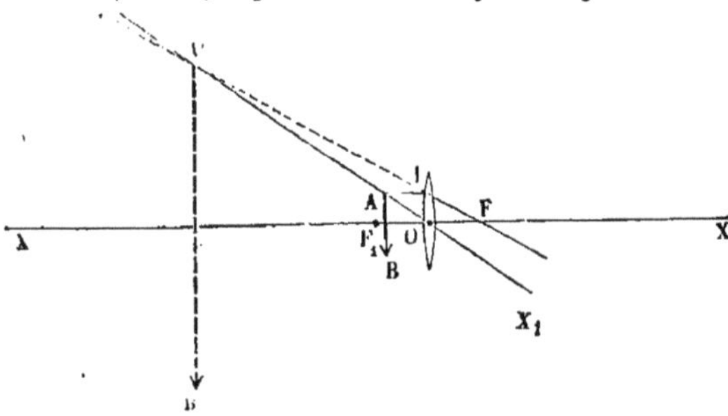

Fig. 22.

Loupe. — La disposition que nous venons de décrire constitue la *loupe*, dont on fait un usage continuel dans les instruments de géodésie, pour lire distinctement les fines divisions des règles graduées et des verniers.

La formule de la loupe est $\frac{1}{p}-\frac{1}{p'}=\frac{1}{f}$; elle se déduit de la formule générale, que nous avons donnée plus haut, en changeant le signe de p'.

Le grossissement G est le rapport de la grandeur de l'image à celle de l'objet, donc

$$G = \frac{A'B'}{AB} = \frac{p'}{p};$$

l'image est rejetée à la distance D de la vision distincte ($0^m,30$ en moyenne), $p' = D$; et l'équation de la loupe devient

$$\frac{1}{p} - \frac{1}{D} = \frac{1}{f},$$

d'où

$$p = \frac{Df}{D+f}, \text{ et } G = \frac{D+f}{f} = 1 + \frac{D}{f}.$$

Une bonne loupe doit donc avoir une courte distance focale.

Nous n'avons parlé dans ce qui précède que des lentilles convergentes, c'est-à-dire à surfaces convexes (une des surfaces pouvant être plane) ; ce sont les plus usitées, celles qui sont à surfaces concaves sont des lentilles divergentes.

Lunette astronomique. — La lunette astronomique se compose d'un tuyau métallique, à chaque extrémité duquel est une lentille convergente. La lentille qui regarde l'objet s'appelle l'objectif, elle est d'un grand diamètre; la lentille opposée, près de laquelle l'observateur place son œil, s'appelle l'oculaire, elle est d'un petit diamètre.

Voici (fig. 23) l'effet qui résulte de la combinaison de ces deux lentilles : l'objet AB envoie à l'objectif une série de faisceaux lumineux émanant de chacun

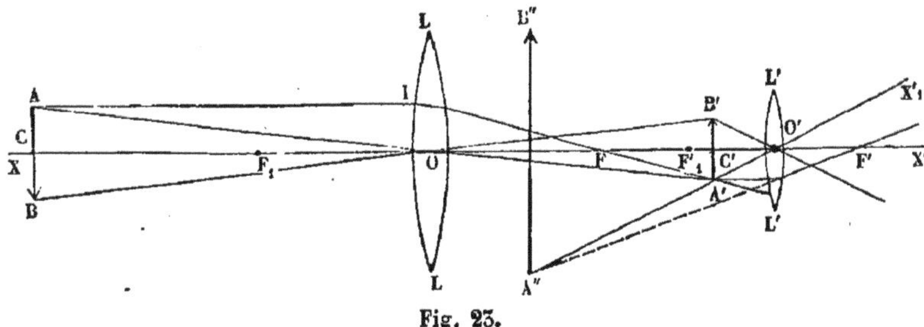

Fig. 23.

de ses points, et ces faisceaux réfractés donnent lieu à une image A'B', qui s'éloigne depuis le foyer principal jusqu'à l'infini vers X', lorsque l'objet s'approche de l'infini X jusqu'au foyer F_1 symétrique du premier. L'oculaire est disposé de telle sorte, que l'image A'B' soit toujours entre lui et son foyer principal F_1'; on est donc dans le cas de la loupe, et l'image A'B' est renvoyée amplifiée en A''B''.

L'objectif est fixe; l'oculaire est monté sur un petit tuyau mobile, qui pénètre dans le grand tube de la lunette, et que l'on peut mouvoir longitudinalement, au moyen d'une vis à crémaillère : l'observateur place donc lui-même l'oculaire de manière à apercevoir distinctement l'image, dont la position varie, d'abord avec la vue de l'individu, mais aussi avec la position de l'image A'B' qui dépend de la distance de sa conjuguée AB à la lentille.

Le faisceau lumineux émané du point A (fig. 24), tombe sur l'objectif, et se transforme en un faisceau réfracté, dont les rayons concourent en un sommet A' pour diverger de nouveau de l'autre côté de ce sommet et tomber sur l'objectif; mais, si l'inclinaison de l'axe AA′ sur l'axe principal des lentilles dépasse une

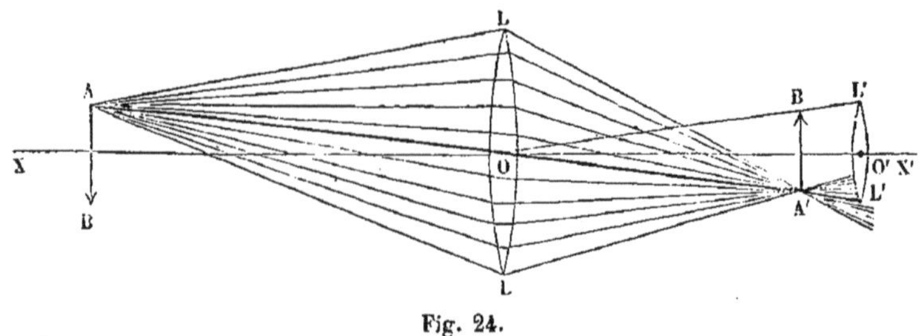

Fig. 24.

certaine limite, il arrive, comme on le voit sur la figure, qu'une partie du faisceau continue son chemin sans rencontrer l'oculaire, ou même qu'aucun rayon du faisceau ne rencontre l'oculaire; dans le premier cas, l'image définitive est plus ou moins affaiblie; dans le second cas, il n'y a plus d'image.

Afin d'éviter les images dépourvues de netteté sur les bords, on place au foyer principal F de l'objectif un diaphragme, ou écran métallique percé, dans l'axe d'un trou circulaire, qui ne laisse passer que ceux des faisceaux dont tous les rayons tomberont sur l'oculaire. On appelle champ de la lunette le cône de l'espace qui a pour sommet le centre optique O de l'objectif et pour base le trou du diaphragme; on peut le mesurer par l'angle L′OL′, c'est-à-dire approximativement par $\frac{d}{F+f}$, d étant le diamètre de l'oculaire, F et f les distances focales principales des deux lentilles.

Le grossissement d'une lunette est le rapport de l'angle sous lequel on voit l'image à l'angle sous lequel on verrait à l'œil nu l'objet éloigné : donc (fig. 23)

$$G = \frac{A''O'B''}{AO'B},$$

ou approximativement

$$G = \frac{A'O'B'}{AOB} = \frac{A'O'B'}{A'O\,B'};$$

A′B′ étant de petite dimension par rapport aux distances focales, on peut admettre qu'il se confond avec les arcs de rayon OA′, O′A′ décrits des centres optiques o et o' pour mesurer les angles, alors

$$G = \frac{A'O'B'}{A'OB'} = \frac{A'B'}{O'C'} : \frac{A'B'}{O\,C'},$$

ce qui donne par approximation $G = \frac{F}{f}$.

On voit que le grossissement est d'autant plus fort, pour un objectif donné, que la distance focale de l'oculaire est plus petite; on a quelquefois plusieurs oculaires de rechange pour faciliter la vision à diverses distances.

Mais le grossissement et le champ varient en raison inverse l'un de l'autre; avec un grossissement considérable, on n'a qu'un champ très-limité, et inversement. — Le grossissement lui-même, avec un objectif donné, ne saurait dépasser une certaine limite au delà de laquelle les images perdent leur netteté.

Un complément de la lunette, c'est le réticule ou système de fils très-fins et croisés, qui traversent le diaphragme.

Le réticule le plus simple (fig. 25) se compose de deux fils rectangulaires, dont la croisée, ou point d'intersection, est à peu près au centre du diaphragme.

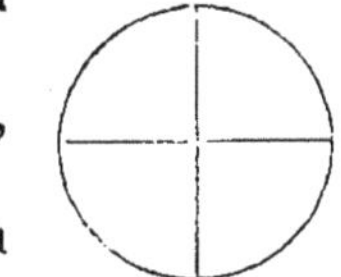
Fig. 25.

Un des fils est horizontal, l'autre est dans un plan vertical, on l'appelle fil vertical.

On appelle axe optique de la lunette la ligne qui joint la croisée des fils au centre optique de l'objectif; dans les instruments de nivellement l'axe optique doit coïncider avec l'axe de figure, afin de rester invariable lorsqu'on fait tourner la lunette autour de son axe.

Tous les points situés sur l'axe optique ont une image qui coïncide avec la croisée des fils; c'est une ligne invariable de position, pourvu qu'on ne touche pas au réticule, elle donne une direction très-nette et très-exacte, et permet de placer exactement la lunette dans la direction d'un alignement quelconque.

Rappelons ici que l'intérieur du tube de la lunette doit être noirci, pour éviter que des rayons tombant sur l'objectif sous une forte incidence ne viennent se réfléchir à l'intérieur de ce tube et troubler l'image des objets éloignés. — Le diaphragme a du reste pour effet d'intercepter ces rayons, si la surface noircie n'y suffisait pas.

Les lentilles que l'on emploie doivent être corrigées, comme nous l'avons vu en physique, de l'aberration de sphéricité et de réfrangibilité.

La lunette astronomique a l'inconvénient de fournir des images renversées; pour redresser ces images, on ajoute à l'oculaire un système de deux lentilles; l'image AB, fournie par l'objectif, se forme au foyer principal de la première lentille L, qui reçoit les faisceaux lumineux et les transforme en faisceaux cylindriques que reçoit la deuxième lentille, et qui, après l'avoir traversée, vont former une nouvelle image au foyer principal de la deuxième lentille; cette image est en sens inverse de la première, elle est donc redressée, et la troisième lentille qui termine l'oculaire est destinée à l'amplifier.

Dans les instruments géodésiques, le renversement de l'image a, du reste, peu d'importance, et il est inutile de recourir à la lunette terrestre.

Tracé d'un alignement avec la lunette. — On se sert d'une lunette pouvant tourner autour d'un axe horizontal, et dont, par suite, l'axe optique décrit un plan vertical, dans lequel reste toujours la croisée des fils; on met l'image de l'objet qu'il faut viser en coïncidence avec la croisée des fils, et en ce moment l'axe optique indique l'alignement cherché; on place les jalons en s'assurant que leur image passe bien par la croisée des fils. Un certain nombre d'instruments de nivellement portent une lunette mobile autour d'un axe horizontal, c'est de ces appareils que l'on se sert pour tracer les grands alignements droits.

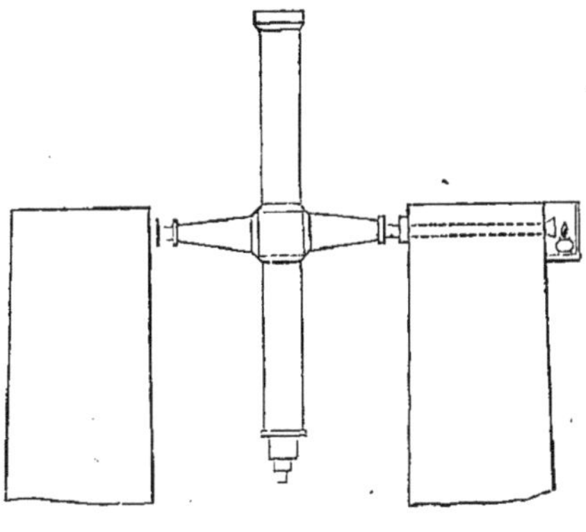
Fig. 26.

La lunette est portée sur un trépied, et l'on s'arrange pour que le centre de l'appareil soit bien sur la verticale du point qui marque l'origine de l'alignement.

En astronomie, on emploie pour fixer la méridienne une grande lunette fixe (fig. 26) montée sur tourillons horizontaux, et dont l'axe optique décrit, dans son mouvement, le méridien du lieu.

Tracer un alignement avec une alidade à pinnules. — Avant que l'usage et la construction économique des lunettes se fussent généralisées, on n'employait guère pour viser les directions que des alidades à pinnules. Elles ont subsisté dans quelques appareils simples, réservés à l'arpentage.

On voit sur la figure 27 une alidade à pinnules appliquée suivant un diamètre d'un cercle gradué ; elle peut tourner autour du centre de ce cercle.

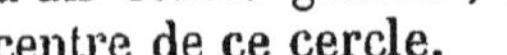

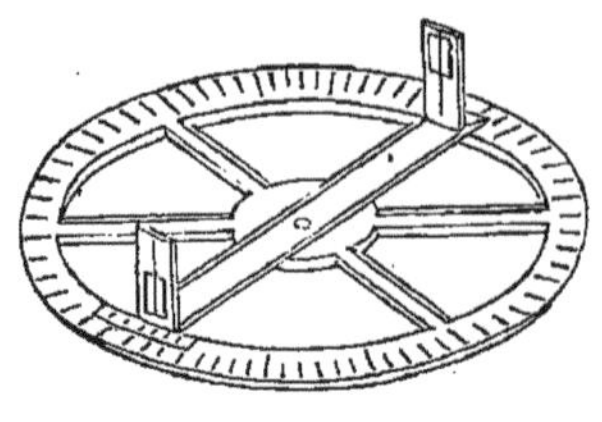

Fig. 27.

L'alidade se compose d'une règle horizontale portant à chaque extrémité une lame verticale ; cette lame est percée d'une fenêtre rectangulaire, que coupe en deux un fil vertical très-fin ; la fenêtre est située, pour une lame à la partie supérieure, pour l'autre lame à la partie inférieure ; le fil de chaque fenêtre se prolonge par une fente très-étroite.

On place l'œil derrière la fente d'une des pinnules, et on fait mouvoir l'alidade de manière à amener le fil de l'autre pinnule sur le point que l'on veut viser ; il est clair qu'on détermine ainsi une direction, si le centre de l'appareil est bien sur la verticale du point qui marque l'origine de l'alignement.

Avec l'alidade, on est arrivé à mesurer les angles à une minute près ; avec les lunettes, l'approximation peut être de moins d'une seconde. L'alidade ne donne donc qu'une ligne de visée fort imparfaite ; et cela s'explique, car : 1° elle n'amplifie pas les objets ; 2° l'œil doit avec elle s'ajuster pour deux longueurs très-différentes, la distance des deux pinnules et la distance de l'observateur à l'objet, tandis que dans la lunette, c'est l'image qui se substitue à l'objet et les distances à ajuster sont très-comparables ; 3° les fils des pinnules sont exposés à des causes de détérioration, et on est forcé de leur donner une certaine épaisseur, qui, souvent arrive à cacher à l'observateur un angle de plusieurs minutes ; dans les lunettes, on a recours à des fils extrêmement fins, tels que des fils de cocon ou des fils d'araignée.

On est arrivé dans ces derniers temps à produire des fils de platine très-fins et très-résistants ; on passe à la filière une barre d'argent, dans l'âme de laquelle on a placé un fil de platine ; celui-ci s'étire, sans se rompre, en même temps que sa gaîne d'argent. L'opération achevée, on dissout l'argent avec l'acide nitrique, et il reste un fil de platine très-fin.

Mesure des distances. — Mesurer la distance de deux points situés sur une surface de niveau de la terre, c'est trouver la longueur de l'arc de grand cercle qui réunit ces deux points, car cet arc est le plus court chemin entre deux points de la sphère.

Dans la pratique, la surface de niveau est remplacée par son plan tangent ou plan horizontal, et la distance de deux points est une horizontale.

Sur le terrain, si les deux points considérés ne sont pas au même niveau, et que l'on prenne leur distance réelle, il faudra ensuite réduire cette distance à l'horizon, comme nous l'avons vu en géodésie pour la mesure des bases, et c'est la longueur réduite qui sert à la construction du plan.

Lorsque l'altitude est considérable, il faut en outre réduire les distances au niveau moyen de la mer, calcul que nous avons appris à faire.

Chaîne d'arpenteur. — L'instrument le plus usuel et le plus commode, celui qui donne les résultats les plus exacts après les règles perfectionnées, c'est la chaîne ou ruban d'arpenteur.

La chaîne d'arpenteur se compose de tiges rigides réunies par des anneaux, le tout en fer ; les anneaux sont espacés de $0^m,20$ d'axe en axe ; cinq tiges font 1 mètre, et chaque mètre se termine par un anneau en cuivre. La chaîne a 10 mètres ; l'anneau du milieu porte un appendice en métal qui le fait reconnaître. Il est clair que la longueur des poignées est comprise dans la première tige.

La chaîne doit être construite avec de bon fer, bien rigide; l'ajustage doit être parfait et ne présenter aucun jeu. Lorsqu'on l'étend sur le sol, il faut prendre garde aux nœuds que les anneaux forment quelquefois, et jeter sur toute la chaîne un coup d'œil attentif.

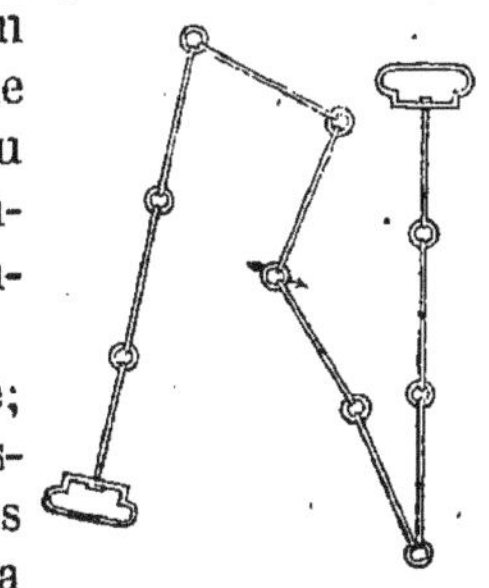

Fig. 28.

La chaîne est accompagnée de dix fiches, formées d'un gros fil de fer, dont un bout est pointu pour s'enfoncer dans le sol, et l'autre contourné en anneau que l'on peut passer au doigt.

L'opérateur et son aide prennent chacun un bout de la chaîne ; le premier appuie sa poignée contre le point de départ de l'alignement ; l'aide marche en avant dans la direction voulue, il porte les dix fiches, et lorsque la chaîne est tendue, il plante une fiche dans le sol, bien à l'aplomb de la poignée.

La fiche posée, on relève la chaîne, et les deux hommes marchent en avant dans le sens de l'alignement marqué par les jalons ; arrivé à la fiche, l'opérateur s'arrête, appuie sa poignée contre cette fiche, l'aide plante une seconde fiche; alors l'opérateur enlève la première et la passe à son doigt. Puis on continue.

Quand l'opérateur a recueilli les dix fiches, c'est qu'il a parcouru 100 mètres, il fait un trait sur son carnet, et remet les dix fiches à son aide, et l'on commence un second hectomètre. Et ainsi de suite.

Avec le système ordinaire de poignée, il y a toujours une erreur de mesure ; en effet, on peut planter les fiches de deux manières : à l'intérieur ou à l'extérieur des poignées.

Si on les plante à l'intérieur (fig. 29), on voit que, tous les 10 mètres, on gagne une longueur ($m\ n$) égale à deux fois l'épaisseur de la poignée plus l'épaisseur de la fiche, et l'on trouve une longueur trop considérable, puisqu'il y a des parties qui se trouvent mesurées deux fois.

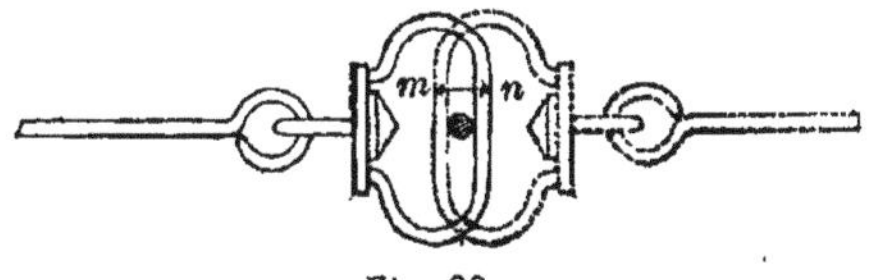

Fig. 29.

Si on les plante à l'extérieur, il est clair que l'on perd l'épaisseur de la fiche, et l'on trouve un résultat trop faible.

Si l'opérateur les plante à l'intérieur et l'aide à l'extérieur, on mesure deux fois l'épaisseur d'une poignée.

On évite ces inconvénients en ménageant dans la poignée une échancrure analogue à celle que nous verrons plus loin sur les poignées du ruban.

Quelquefois cependant, on préfère conserver les poignées ordinaires, afin de corriger le raccourcissement dû à la flèche que prend la chaîne. La chaîne ne doit pas être posée sur le sol qui présente toujours des inégalités, il faut qu'elle soit tendue, mais elle conserve toujours une flèche, quelle que soit la tension cette flèche produit ordinairement un raccourcissement d'environ $0^m,015$: on peut le corriger : 1° en donnant à la chaîne 1 centimètre de plus ; 2° en plaçant les fiches en dehors des poignées, ce qui produit une nouvelle correction, égale à l'épaisseur des fiches, environ 5 millimètres.

Ce serait un tort que d'exercer sur la chaîne une forte tension, car elle se déformerait, et, si les boucles qui terminent chaque tige étaient circulaires, elles s'aplatiraient ; ces boucles doivent être plutôt allongées que circulaires.

Une chaîne, même très-bien construite, doit être fréquemment vérifiée.

L'opération du chaînage, qui paraît bien simple, est sujette à beaucoup d'erreurs, si on ne porte toute son attention sur les divers détails que nous venons d'exposer.

Ruban d'acier. — On a, dans ces derniers temps, substitué à la chaîne des rubans flexibles en acier recuit, qui sont plus légers, et par suite prennent une flèche moindre ; ils peuvent supporter une plus forte tension ; leur poignée est échancrée comme on le voit, afin d'embrasser la demi-section transversale des fiches. En terrain plat, on peut, avec un ruban, mesurer 1 kilomètre à 1 ou 2 décimètres près. Avec la chaîne, l'approximation n'est guère que d'un mètre (pl. I, fig. 2).

Chaînage en terrain incliné. — Lorsque le terrain est plat ou peu incliné, il est facile de placer la chaîne horizontalement : cela se fait à l'œil, et l'on peut voir par le calcul qu'une erreur, même assez notable dans l'horizontalité, ne donne pas une augmentation notable de longueur.

Sur une pente considérable, l'opération est moins commode, non pas pour tendre la chaîne à peu près horizontalement, mais pour planter les fiches.

L'aide place sa poignée près du sol, l'opérateur tient la sienne à une hauteur suffisante pour que la chaîne soit horizontale, il accole à cette poignée une fiche plombée, à laquelle il laisse assez de liberté pour qu'elle prenne une direction verticale ; il l'abandonne ensuite, et elle vient s'enfoncer dans le sol à l'aplomb de la poignée. On la remplace alors par une fiche ordinaire.

Il est évident que la masse de plomb doit être vers la pointe de la fiche, pour que celle-ci descende tout droit sans basculer.

Si l'on veut opérer avec soin, on arrive ainsi à des résultats très-convenables.

Nous ne parlerons que pour mémoire des rubans en étoffe, qui s'allongent et se rétrécissent à volonté, et que l'on doit proscrire.

Stadia. — Le chaînage est toujours une opération longue et pénible ; il faut parcourir toutes les lignes, souvent à travers des terres labourées ou des marécages. Il faut passer sur des obstacles qui sont une cause de gêne et de fatigue.

Aussi la mesure des distances à la stadia, c'est-à-dire au moyen d'une lunette spéciale, rend-elle tous les jours de grands services, tout en fournissant une approximation suffisante dans la pratique.

Définissons d'abord quelques expressions que nous rencontrerons au cours de cette étude : on appelle micromètre tout appareil destiné à mesurer les objets de petite dimension, comme l'image des astres dans les lunettes (étymologie grecque : *micron*, petit, et *metrein*, mesurer) ; un angle diastimométrique est un angle qui sert à mesurer les distances (de *diastêma*, distance, et *metrein*, mesurer) ; on donne le nom de lunette anallatique à une lunette qui fournit pour les angles diastimométriques une valeur constante (de *anallattô*, ne pas changer).

1° Ceci posé, abordons la stadia : elle se compose d'une mire parlante et d'une lunette spéciale.

La mire parlante est une planchette rigide dont une face est graduée et chiffrée :

on la place sur le point dont il s'agit de mesurer la distance au centre d'observation où se trouve la lunette.

L'image de la mire est recueillie dans la lunette sur un diaphragme qui porte au moins deux fils horizontaux ; on lit le numéro des divisions de la mire qui ont leur image en coïncidence avec chacun des fils, et, par suite, on connaît la longueur interceptée sur la mire. La distance des fils étant constante, l'angle auquel ils correspondent l'est aussi, et la longueur interceptée sur la mire ira en croissant avec sa distance à la lunette.

La figure suivante fera mieux comprendre ce qui précède : soit O l'objectif achromatique d'une lunette, et F son diaphragme, en travers duquel sont tendus deux fils horizontaux projetés en m', m'' ; on place une mire parlante à une distance quelconque de la lunette ; cette mire est verticale, et l'axe de la lunette horizontal. Deux points M′, M″ de la mire ont leur image en $m'm''$; on peut donc lire la longueur M′M″ interceptée, appelons-la L, et soit l la distance des deux fils m', m'', d, la distance OP, f la distance focale principale de l'objectif, c'est-à-dire OQ ; on a, par les triangles semblables,

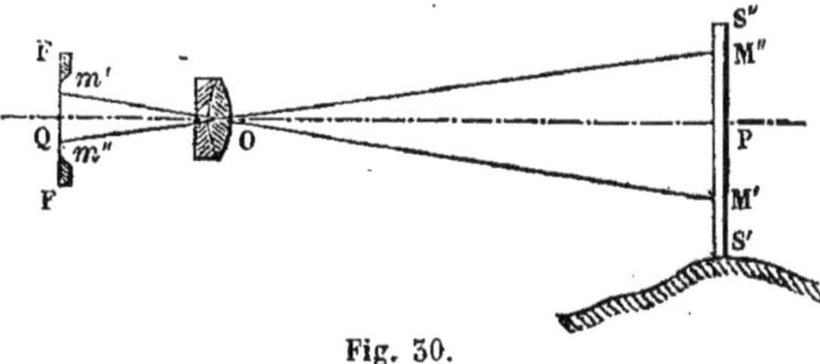

Fig. 30.

$$\frac{OP}{OQ}=\frac{M'M''}{m'm''} \text{ ou } \frac{d}{f}=\frac{L}{l} \quad d=\frac{f}{l}L$$

Admettons pour un instant que $\frac{f}{l}$ soit constant ; on obtiendra les distances d, en multipliant par un coefficient fixe les longueurs L.

$\frac{f}{l}$ est le double de $\frac{m'Q}{QO}$, c'est-à-dire le double du sinus de l'angle diastimométrique ; soit $k=\frac{f}{l}$. Prenons pour longueur des divisions de la mire précisément la quantité k, cela revient à dire que $k=1$, alors $d=L$, et la distance en mètres sera égale au nombre de divisions qui entrent dans L, nombre que l'on obtient par une simple lecture.

2° Malheureusement, il n'en est pas ainsi, et le coefficient (k) est variable. L'image de la mire ne se fait point au foyer principal de l'objectif, mais au foyer conjugué du point P, et nous avons vu que ce foyer conjugué se promenait sur l'axe de la lunette quand on déplaçait la mire.

Le diaphragme est donc mobile dans les lunettes ordinaires, afin de pouvoir s'accommoder au foyer conjugué du point P de la mire, lorsque celle-ci se déplace, et s'accommoder aussi à la vue de l'observateur ; le coefficient $\frac{f}{l}$ n'est donc pas constant et l'on ne saurait appliquer la formule ci-dessus.

Voyons comment il faut la modifier :

Rappelons-nous la formule démontrée plus haut pour les foyers conjugués des lentilles convergentes :

$$\frac{1}{p}+\frac{1}{p'}=\frac{1}{f},$$

elle devient ici

$$(1) \qquad \frac{1}{d}+\frac{1}{p'}=\frac{1}{f},$$

et l'on a, en outre, comme tout à l'heure, l'équation :

$$(2) \qquad \frac{\mathrm{L}}{l}=\frac{d}{p'}$$

dans laquelle la constante f est remplacée par la variable p'.

Éliminons p' entre ces deux équations, il vient :

$$p'=\frac{l}{\mathrm{L}}d \quad \text{et} \quad \frac{1}{d}+\frac{\mathrm{L}}{l.d}=\frac{1}{f},$$

d'où

$$d=f+f\frac{\mathrm{L}}{l};$$

or, dans la stadia à fils fixes, la distance (l) des fils micrométriques est constante, f l'est toujours, puisque c'est la distance focale principale de l'objectif. La formule précédente, qui donne les distances cherchées (d), peut donc se mettre sous la forme définitive

$$(3) \qquad d=\alpha+\beta\,\mathrm{L},$$

dans laquelle α et β sont des constantes et L la longueur interceptée que l'on lit directement sur la mire.

Régulièrement, cette formule ne donne que la distance d de la mire à l'objectif, on s'arrange pour que les distances soient comptées à partir de la verticale du support, qui correspond au foyer principal de l'objectif; alors d doit être augmenté de f, c'est-à-dire que la constante α est égale à $2f$.

La valeur de f ne dépasse jamais $0^{m},40$, de sorte qu'à la rigueur on peut la

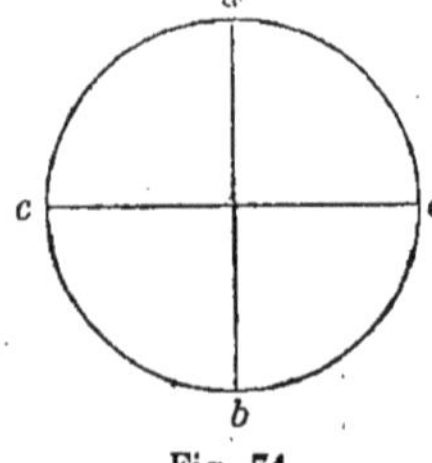

Fig. 31.

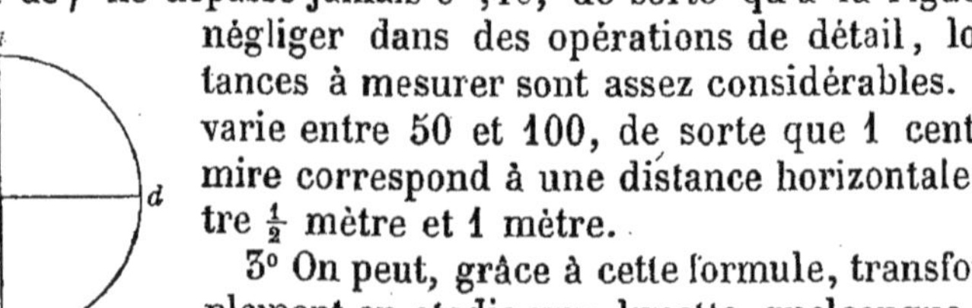

négliger dans des opérations de détail, lorsque les distances à mesurer sont assez considérables. La constante β varie entre 50 et 100, de sorte que 1 centimètre sur la mire correspond à une distance horizontale qui varie entre $\frac{1}{2}$ mètre et 1 mètre.

3° On peut, grâce à cette formule, transformer très-simplement en stadia une lunette quelconque, et il n'est besoin pour cela d'aucune connaissance spéciale.

La lunette ordinaire porte déjà un réticule (fig. 31) formé de deux fils de cocon que l'on colle à la cire sur le diaphragme; on démonte le diaphragme, et on colle deux nouveaux fils horizontaux MN, PQ, ce qui ne demande qu'un peu d'adresse et de soin (fig. 32).

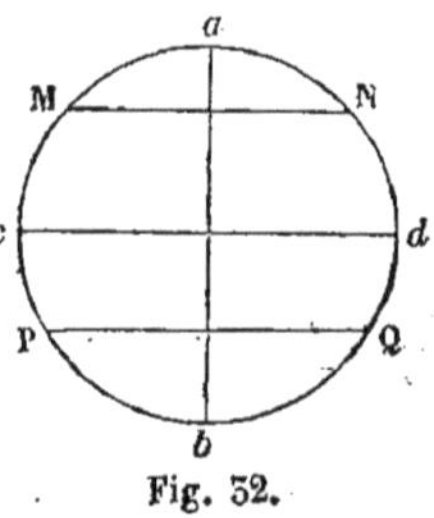

Fig. 32.

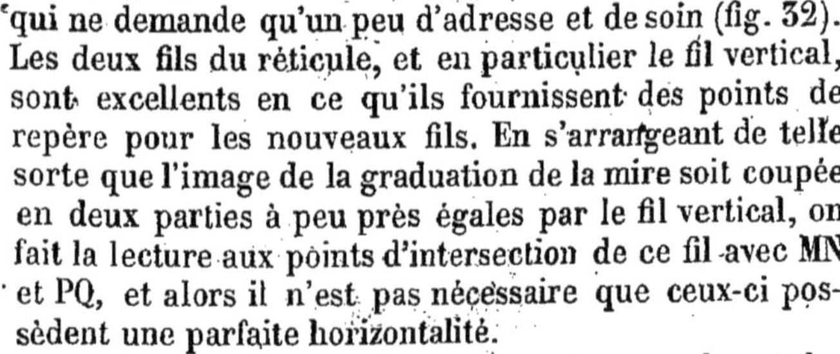

Les deux fils du réticule, et en particulier le fil vertical, sont excellents en ce qu'ils fournissent des points de repère pour les nouveaux fils. En s'arrangeant de telle sorte que l'image de la graduation de la mire soit coupée en deux parties à peu près égales par le fil vertical, on fait la lecture aux points d'intersection de ce fil avec MN et PQ, et alors il n'est pas nécessaire que ceux-ci possèdent une parfaite horizontalité.

Voici donc l'appareil construit; on mesure très-exactement, avec des règles bien étalonnées, deux distances d et d', puis on place à l'origine de ces distances la lunette et la mire à l'autre bout ; on lit les longueurs interceptées L et L', et l'on a les deux équations

$$d = \alpha + \beta L \quad d' = \alpha + \beta L',$$

qui servent à déterminer les constantes α et β ; on en tire en effet

$$\beta = \frac{d - d'}{L - L'} \text{ et } \alpha = d - \beta L = d - L\frac{d - d'}{L - L'} = \frac{d'L - dL'}{L - L'}.$$

Il est nécessaire d'arriver à une parfaite exactitude, aussi les distances d doivent-elles être mesurées avec le plus grand soin. On ne doit pas du reste se borner à deux expériences ; il faut en faire un certain nombre, et prendre pour α et β la moyenne des résultats.

La formule $d = \alpha + \beta L$ est donc déterminée ; on notera sur le terrain les valeurs de L, et l'on fera les calculs au bureau.

Les calculs peuvent même se trouver notablement simplifiés, si l'on dresse une table pour des valeurs de L croissant régulièrement entre deux limites, ou bien encore si l'on exécute un tableau graphique bien simple, puisque l'équation $d = \alpha + \beta L$ représente une ligne droite.

Pour ce tableau graphique, on prendra une feuille de papier quadrillé, dont on adoptera deux bords contigus pour axes de coordonnées ; avec deux groupes de valeurs de d et L, on construira la droite. Puis, lorsqu'on aura obtenu sur le terrain une valeur de L, on la rapportera sur le papier, on suivra la rayure du papier quadrillé qui représente la coordonnée L, et à la rencontre avec la droite, l'autre coordonnée fournira la valeur de d.

On voit combien tout cela est simple, et nous ne saurions trop recommander cette méthode, qui semble avoir été appliquée sérieusement pour la première fois par M. Laterrade, ingénieur des ponts et chaussées.

4° Revenons à la formule

$$d = \alpha + \beta L = 2f + \frac{f}{l} L,$$

qui donne les distances comptées, non pas à partir du centre optique de l'objectif, mais à partir du foyer principal de cette lentille situé dans le corps de la lunette, foyer dont la verticale passe généralement par le centre du pied de l'appareil ; ce centre lui-même doit se confondre avec l'origine de la longueur à mesurer.

Dans une lunette ordinaire, la distance du centre optique de l'objectif à la verticale du centre de l'appareil n'a pas toujours été choisie égale à f, distance focale principale de l'objectif ; mais, en tout cas, c'est une constante (h) et α, au lieu d'être égal à $2f$, est alors égal à $f + h$. La physionomie de la formule ne change pas, et la détermination des constantes se fait de même.

Nous avons donc

$$d = \alpha + \frac{f}{l} L.$$

On prend pour longueur de la division de la mire la quantité $\frac{f}{l}$, qui devient alors égale à l'unité, et l'on a en mètres

$$d = \alpha + L.$$

La constante $\alpha = f + h$ peut être ajoutée à chaque opération : lorsque la lunette est construite exprès pour la stadia, on peut s'arranger de manière à ce que $f + h$ soit un nombre rond, facile à ajouter de tête, par exemple $0^m,40$ ou $0^m,50$.

Mais on peut encore obtenir d par la simple lecture sur la mire en faisant subir à celle-ci la correction suivante :

On réduit une des divisions centrales, qui se trouve toujours comprise entre M et M', d'une fraction de sa longueur mesurée par la fraction qui exprime α en fonction du mètre. Soit par exemple $\alpha = 0^m,50$, ou, en fraction, $\frac{1}{2}$, on réduira de moitié une des divisions centrales de la mire; il en résultera que la distance $d = L$ sera trop forte de un demi-mètre, puisque chaque division de la mire correspond à 1 mètre de distance horizontale; or cette distance $d = L$, si la graduation était uniforme, représenterait la distance de la mire au foyer principal de l'objectif qui se trouve en avant de la lunette; à cause de la graduation rectifiée, la distance se trouve augmentée de α, c'est-à-dire précisément de la distance qui sépare le foyer principal ci-dessus du centre de l'appareil.

Cette méthode donne lieu à des sujétions nombreuses : on ne peut pas se servir d'une mire quelconque, chaque instrument a la sienne pour lui seule. Que les fils du micromètre viennent à se briser, il faudra les replacer exactement dans la position qu'ils occupaient, et, dans le cas où on n'y arriverait pas, on devra construire une nouvelle mire rectifiée.

Nous pensons qu'il vaut mieux recourir à la méthode du paragraphe précédent, construire soi-même sa lunette, ainsi que la table numérique ou le tableau graphique correspondant. Le premier venu peut faire cela et le bien faire.

5° Enfin, on peut recourir à la lunette anallatique de M. Porro, instrument excellent, mais plus compliqué que les précédents et dont l'usage ne s'est guère répandu en France.

La lunette anallatique (c'est-à-dire à angle diastimométrique constant) se compose d'un objectif achromatique O et d'une lentille fixe convergente, dont

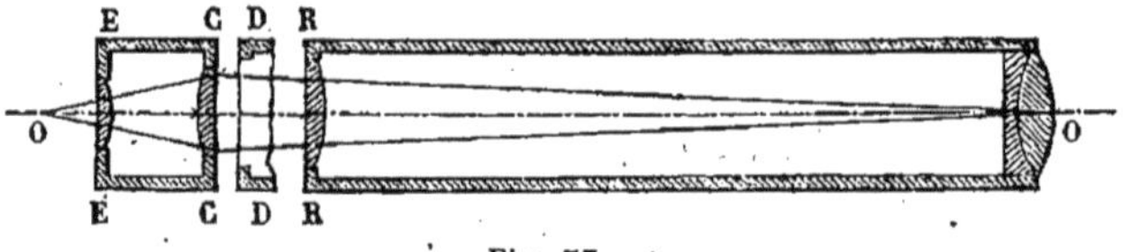

Fig. 33.

le foyer principal coïncide avec le centre optique de l'objectif; l'oculaire, dit oculaire de Ramsden, se compose de deux lentilles C et E, montées sur un même tube mobile; le réticule, lui aussi, peut se mouvoir, et s'éloigner ou se rapprocher de l'objectif.

Les faisceaux lumineux, qui ont leur sommet au centre optique O de l'objectif, traversent cet objectif sans se réfracter, tombent sur le verre convergent RR, et en sortent parallèlement à l'axe, puisqu'ils émanent du foyer principal de ce verre; puisqu'ils sont parallèles à l'axe, ils seront réfractés toujours de la même manière par l'oculaire, à quelque distance qu'ils le rencontrent, et l'angle diastimométrique sera constant.

Si l'on veut se reporter à la figure 30, et qu'on appelle ω l'angle diastimométrique $m'Om''$, on aura

$$\sin\frac{1}{2}\,\omega = \frac{OQ}{Qm'} = \frac{\frac{1}{2}l}{p'} \text{ ou } 2\sin\frac{1}{2}\,\omega = \frac{l}{p'}.$$

p' est lié à la distance $OP = d$, par la formule des foyers conjugués :

$$\frac{1}{d} + \frac{1}{p'} = \frac{1}{f};$$

donc

$$p' = \frac{df}{d-f}, \text{ et } 2 \sin \tfrac{1}{2} \omega = l \frac{d-f}{fd}.$$

L'angle diastimométrique n'est toujours pas constant, puisqu'il dépend de d; mais, au lieu de lui donner pour sommet le centre optique de l'objectif, plaçons ce sommet au foyer principal de l'objectif, qui se trouve sur OP en dehors de la lunette, et soit ω' le nouvel angle sous-tendant M'M''. Les deux petits angles ω et ω', ayant même arc de base M'M'', sont entre eux dans le rapport inverse de leurs rayons d et $d-f$; donc

$$\frac{\omega}{\omega'} = \frac{d-f}{d},$$

et par suite

$$\frac{\sin \frac{1}{2} \omega}{\sin \frac{1}{2} \omega'} = \frac{d-f}{d}, \text{ et } 2 \sin \tfrac{1}{2} \omega' = 2 \sin \tfrac{1}{2} \omega \frac{d}{d-f} = l \frac{d-f}{fd} \cdot \frac{d}{d-f} = \frac{l}{f}.$$

Donc $\sin \frac{1}{2} \omega'$ est constant, et il en est de même du nouvel angle diastimométrique ω'.

Dans les lunettes ordinaires, il y a donc un point anallatique qui est le foyer principal antérieur de l'objectif.

Mais il est mal commode de compter les distances à partir de ce point, à moins de s'arranger, comme nous l'avons vu au paragraphe précédent, de telle manière que la distance qui sépare ce foyer du centre de l'appareil soit un nombre rond, par exemple $0^m,50$.

Le second verre plan convexe R, ajouté à l'objectif par M. Porro, est calculé de manière à reporter le point anallatique ci-dessus trouvé précisément au centre de l'appareil, en un point situé à gauche du verre R. Voici ce calcul d'après M. Porro; il n'est pas plus difficile que ce qui précède, mais ne présente peut-être pas une grande utilité pratique ; aussi ne le donnons-nous qu'à titre de curiosité, et le lecteur pressé pourra se dispenser de le suivre :

« L'objectif composé est formé de deux lentilles O et R; appelons d et d_1 les distances de la mire aux centres optiques des lentilles O et R, p' et p'_1 les distances aux mêmes centres optiques des foyers conjugués de la mire, f et f_1 les longueurs focales principales des deux lentilles O et R, m la distance qui sépare les centres optiques des deux mêmes lentilles, n la distance du centre optique de la lentille O au point K de la lunette qu'il faut considérer comme centre de l'appareil, et ω'' l'angle diastimométrique ayant pour sommet le point K et dont les côtés passent par les fils du réticule. On aura, comme plus haut, en considérant le verre R seul :

$$2 \sin \tfrac{1}{2} \omega'' = \frac{l}{f_1},$$

et le rayon qui satisfait à cette condition passe par le foyer antérieur de la lentille R, c'est-à-dire à une distance de O égale à $(m - f_1)$.

« Ce rayon a d'ailleurs pour condition d'affecter, avant d'entrer dans l'objectif, une direction telle, que par la réfraction il passe au point K à la distance (n) de l'objectif.

« Appliquant la formule des lentilles convergentes relative aux images virtuelles, on aura

$$\frac{1}{m-f_1}-\frac{1}{n}=\frac{1}{f}, \text{ d'où } f_1=m\frac{fn}{f+n}. \qquad (1)$$

La distance focale f_1 du verre R est donc déterminée par cette équation, et ce sera à l'opticien de la réaliser.

« D'autre part, comme nous l'avons vu plus haut, on peut poser

$$2\sin\tfrac{1}{2}\omega''=2\sin\tfrac{1}{2}\omega'\frac{m-f_1}{n}, \qquad (2)$$

or

$$2\sin\tfrac{1}{2}\omega'=\frac{l}{f}; \qquad (3)$$

éliminant ω' et n entre ces trois équations, on aura

$$2\sin\tfrac{1}{2}\omega''=\frac{l}{f_1}\cdot\frac{f+f_1-m}{f},$$

quantité constante et indépendante de la position de l'oculaire et du réticule. Le centre de l'appareil est donc rendu anallatique. »

On voit que tout cela est compliqué; l'opticien doit calculer les formules et tailler ses lentilles d'après les résultats qu'elles lui donneront. La lunette coûtera donc très-cher, et on peut dire en somme qu'elle n'a qu'un bien mince avantage sur les systèmes ordinaires qui font l'objet des autres paragraphes. L'emploi de la lunette anallatique de M. Porro ne s'est guère généralisé; elle offre, suivant nous, plus d'intérêt théorique que de véritable utilité pratique.

6° Tout ce que nous venons de dire sur la stadia se rapporte aux distances horizontales; mais supposons (fig. 34) qu'il s'agisse de mesurer la distance OP$=d$ qui sépare en plan deux points dont les verticales sont O et Z; on calculera la distance inclinée OS; avec un éclimètre (appareil à mesurer les inclinaisons), on prendra l'angle φ de OS avec la verticale, et l'on fera la réduction par la formule OP $=$ OS $\times\sin\varphi$.

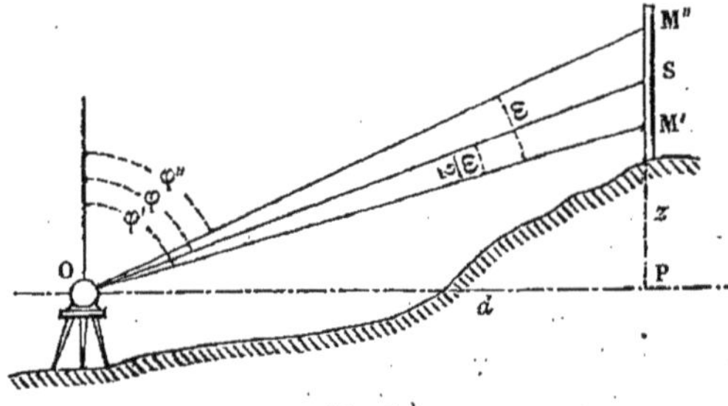

Fig. 34.

La mire étant verticale ne sera point perpendiculaire à OS, et la longueur M'M'' interceptée sera trop forte et par suite indiquera pour OS une valeur trop grande.

L'angle M'OM'' est l'angle diastimométrique ω, et l'on a

$$\varphi'=\varphi+\tfrac{1}{2}\omega \quad \varphi''=\varphi-\tfrac{1}{2}\omega;$$

dans le triangle OM'M'', en appliquant la proportionnalité des côtés aux sinus des angles opposés, on aura

$$\text{OM}'=\text{M}'\text{M}''\frac{\sin\varphi''}{\sin\omega}=L\frac{\sin\varphi''}{\sin\omega};$$

d'autre part, le triangle OM'P donne

$$\text{OP ou } d = \text{OM}' \sin\varphi' = \text{L}\frac{\sin\varphi'.\sin\varphi''}{\sin\omega}$$

$$d = \text{L}\frac{\sin(\varphi+\frac{1}{2}\omega)\sin(\varphi-\frac{1}{2}\omega)}{\sin\omega} = \frac{\text{L}}{\sin\omega}(\sin^2\varphi - \sin^2\tfrac{1}{2}\omega);$$

$\frac{1}{2}\omega$ étant un angle très-petit, on peut prendre $d = \frac{\text{L}\sin^2\varphi}{\sin\omega}$.

Si on se rappelle qu'on a pris pour unité de graduation de la mire la valeur même de $\sin\omega$, ou plutôt la quantité $\frac{f}{l}$ qui en diffère très-peu, on verra que la distance réduite à l'horizon est donnée par la formule simple

$$d = \text{L}\sin^2\varphi$$

Cela suppose un appareil disposé de manière à lever les angles verticaux; c'est le cas des grands instruments qui font à la fois le plan et le nivellement du terrain.

A la rigueur, on pourrait mesurer directement la longueur OS en inclinant la mire normalement à cette longueur; il faudrait, pour cela, fixer normalement à la mire, au point S, soit une lunette, soit une équerre, et aligner la lunette ou le grand côté de l'équerre vers l'appareil O. On aurait la distance d par la formule

$$d = \text{OS}\times\cos\text{SOP}.$$

Inutile de dire qu'un pareil procédé ne saurait être pratique.

7° Sur quelle approximation peut-on compter avec la stadia?

L'expérience nous apprend que l'angle, sous lequel on voit une image agrandie à travers l'oculaire, a pour limite supérieure 21°, quantité que l'on ne saurait dépasser sans obtenir une image confuse et indéchiffrable.

ω étant l'angle diastimométrique, le grossissement G est le rapport de l'angle I, sous lequel on voit l'image à l'angle ω, sous lequel on verrait directement l'objet. On a donc :

$$\text{G}\omega = \frac{\text{I}}{\omega}\omega = \text{I},$$

c'est-à-dire que le produit $\text{G}\omega$ ne saurait être supérieur à la valeur maxima de l'angle I, soit à 21°.

D'autre part, il est constant, d'après les résultats d'une longue pratique, que la limite inférieure de la force de l'œil est d'apprécier à $\frac{1}{10}$ près un angle de $\frac{3}{10}$ de degré; on peut donc apprécier un angle à $\frac{3}{100}$ de degré près; à la distance de la vue distincte, soit $0^{m},30$, cet angle élémentaire correspond à un sixième de millimètre, et quelque fins que soient les fils d'un réticule, on conçoit bien que l'on puisse se tromper de $\frac{1}{12}$ de millimètre pour aligner chacun d'eux.

L'angle maximum de l'image étant de 21°, on aura donc, avec le meilleur appareil, une erreur relative sur l'angle I qui sera au moins égale au rapport de l'angle limite, $\frac{3}{100}$ de degré, au maximum de l'angle I, soit 21°, ce rapport est d'environ $\frac{1}{700}$.

L'angle étant apprécié à $\frac{1}{700}$ près, il en est de même de la longueur interceptée sur la mire et de la distance.

D'une manière générale, l'approximation sera : $\frac{0^{\circ},03}{G\omega}$.

Ce qu'il y a de certain, c'est qu'avec une lunette ordinaire on arrive à mesurer des distances de 200 mètres ou 300 mètres à $\frac{1}{400}$ ou $\frac{1}{500}$ près, et la stadia est comparable à la chaîne; elle lui serait même supérieure en pays accidenté.

M. Porro, dans ses appareils, obtient une approximation beaucoup plus considérable avec un objectif de 60 millimètres d'ouverture et à verres multiples, il arrive, dit-il, à apprécier les distances à $\frac{1}{2000}$ près. Malheureusement, nous le répétons, ses appareils ne sont pas d'une construction courante; ils coûtent cher et sont un peu compliqués.

Des mires. — On distingue deux sortes de mires : la mire ordinaire ou mire à voyant, et la mire parlante.

Tout le monde connaît la mire ordinaire à voyant (fig. 35) : c'est une tige carrée, de 2 mètres de hauteur, formée de deux parties qui s'emboîtent, à rainure et languette, de sorte que la partie postérieure de la règle glisse dans la partie antérieure comme dans une coulisse, et peut s'élever au-dessus d'elle, de manière à porter la hauteur de la mire jusqu'à 4 mètres. Le voyant, plaque de tôle partagée en quatre parties égales, est fixé à la règle par un collier à vis. Les quatre rectangles du voyant sont peints alternativement en blanc et en couleur foncée, rouge ou noire, de sorte que le centre de la plaque se distingue nettement, même à une grande distance. Le voyant glisse le long de la règle lorsque la vis n'est pas serrée, et, quand il est arrivé à la hauteur voulue, on le fixe en serrant la vis, et on mesure la hauteur du centre de la plaque au-dessus du sol. Pour cela, la mire porte sur sa face postérieure une graduation en centimètres, et le collier porte une graduation en millimètres, dont le zéro correspond au centre de la plaque; la lecture est donc facile, et sera exacte si l'on tient la mire sensiblement verticale, opération que facilite un talon allongé par lequel se termine le pied de la mire.

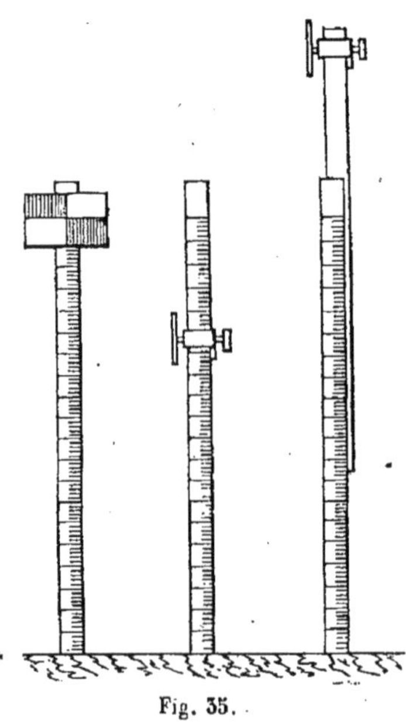

Fig. 35.

Quelquefois la graduation se reproduit sur les faces latérales et même en avant de la règle, mais elle n'est indispensable que sur le dos.

La ligne horizontale du voyant s'appelle ligne de foi; il arrive qu'elle n'est pas toujours bien horizontale, parce que l'on est forcé de laisser au collier un certain jeu, afin de parer au gonflement du bois que cause l'humidité; mais, comme c'est le centre que l'on vise, l'horizontalité de la ligne de foi n'est pas une condition indispensable.

Il existe une disposition de voyant préférable à la précédente; elle consiste à remplacer le point central par un petit cercle blanc. Les fils du réticule sont souvent assez gros pour cacher un certain espace de la mire, lorsque celle-ci est éloignée, et alors on n'est pas certain que l'axe du fil tombe bien sur la ligne de foi. Avec un cercle blanc, on en aperçoit un segment de chaque côté du fil horizontal du réticule, et il est facile d'apprécier les distances à l'œil de manière à obtenir deux segments égaux.

Il est inutile de chercher à lire les cotes à plus d'un millimètre près, car les erreurs de visée, et celles qui résultent du défaut de verticalité et du jeu de la mire peuvent être bien plus considérables.

Un bon porte-mire doit veiller surtout à ce que la mire ne s'incline ni d'un côté ni de l'autre, et reste exactement verticale.

La mire parlante est une règle à section horizontale, rectangulaire, dont une des grandes faces, tournée vers l'observateur, est divisée et graduée (*fig.* 36). L'image de la graduation se fait dans la lunette, et l'observateur lit lui-même la division sur laquelle se projettent soit le fil horizontal du réticule, soit les deux fils horizontaux par lesquels passent les côtés de l'angle diastimométrique.

M. Porro, avec ses appareils à grossissement considérable, pouvait recourir à des mires parlantes, dont les divisions étaient accusées par des traits fins; mais, avec les lunettes ordinaires, la lecture sur de pareilles mires serait impossible. Supposons, en effet, une mire divisée en millimètres; avec une bonne lunette ordinaire ayant un objectif de $0^{m},04$ de diamètre, un fil du réticule couvrira l'image d'une division et demi de la mire, lorsque celle-ci sera à 60 mètres de l'appareil.

On doit donc rejeter la division en millimètres; celle en centimètres n'est même pas suffisante, et l'on doit recourir à des divisions de 2 et mieux de 4 centimètres.

On groupe ces divisions par cinq alternativement sur chaque bord de la règle, de sorte que chaque groupe a une longueur totale de 1 ou de 2 décimètres. Les divisóns sont alternativement blanches et rouge vif; les chiffres sont noirs et ne marquent que les décimètres, de sorte que, pour la règle à divisions de $0^{m},02$, les chiffres pairs se trouvent sur un bord et les chiffres impairs sur l'autre.

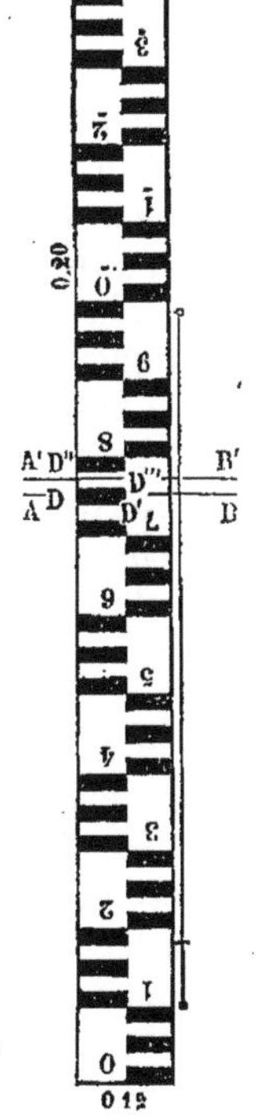

Fig. 36.

Les lunettes dont on se sert, donnant des images renversées, on a soin de renverser aussi les chiffres de la mire afin qu'ils se trouvent droits sur l'image et soient faciles à reconnaître. Dans ses premières mires, M. Bourdaloue avait placé les chiffres horizontaux; mais il y avait à cela un inconvénient, c'est que l'on pouvait placer la mire la tête en bas sans qu'on s'en aperçût dans la lunette, et l'on arrivait à des résultats erronés.

Il vaut donc mieux renverser les chiffres, ou, si on les fait horizontaux, on devra garnir la mire de deux poignées situées environ à $1^{m},50$ du sol, et que le porte-mire saisit pour placer la règle bien verticale. De là sorte, on ne risque pas de se tromper, car la mire a au moins 4 mètres de hauteur et souvent 5 ou 6 mètres.

Pour éviter toute erreur, M. Bourdaloue avait pris l'habitude de remplacer, dans ses mires, le chiffre 9 par la lettre N, on ne pouvait alors confondre la neuvième division avec la sixième. De même, il substituait au 5 le chiffre romain V, afin d'éviter la confusion qui peut se produire entre le 3 et le 5 à une certaine distance.

Les chiffres sont de grandes dimensions avec un trait plein et noir; ceux qui correspondent au second mètre portent au-dessous d'eux un point, ceux du troisième mètre en portent deux, et ainsi de suite.

Il est important de tenir la mire bien verticale, aussi la munit-on quelquefois d'un fil à plomb latéral, dont les oscillations sont limitées par un anneau que traverse le fil. A quelques-unes de ses mires, M. Bourdaloue fixait un petit niveau à bulle, très-commode.

On peut se demander comment on estime les fractions de ces grandes divisions de 0m,02 ou de 0m,04 ; l'estime se fait à l'œil, en cherchant dans quel rapport un fil du réticule partage la division sur laquelle il tombe. Avec un peu d'habitude, l'appréciation de ce rapport se fait, avec une exactitude qui étonne, à $\frac{1}{10}$ et même à $\frac{1}{20}$ près. Cela se comprend, car, pour l'évaluation au dixième, l'œil n'a qu'à reconnaître l'une des cinq combinaisons simples que voici : 1 et 9, 2 et 8, 3 et 7, 4 et 6, 5 et 5. L'expérience a montré que l'évaluation était le plus exacte pour des divisions dont la largeur égalait trois ou quatre fois la hauteur. Cependant, on ne tient pas un grand compte de cette observation.

Les mires parlantes sont des règles en bois dur, bien droit et bien dressé, de 20 à 25 centimètres de largeur sur 8 à 12 d'épaisseur.

Les figures 1 et 2 de la planche 2 représentent des mires parlantes ordinaires : sur la figure 2, les divisions sont de 8 centimètres, et la mire est destinée aux opérations à grande distance.

La mire de la figure 3 est utile pour les observations de précision, elle comprend de grandes divisions de 0m,08, auxquelles sont accolées dix petites divisions de 0m,008 ; elles exigent l'emploi d'une lunette puissante, mais on arrive à une grande exactitude. La lecture sur cette mire n'offre aucune difficulté.

La mire ordinaire, que représente la figure 36, possède des divisions de 0m,04, dont chaque groupe a, par conséquent, 2 décimètres de longueur ; cependant, le numérotage est fait comme si cette longueur était seulement de 1 décimètre. Voici la cause de cette anomalie : pour éviter les erreurs dues à l'imperfection des instruments, on remplace souvent, comme nous le verrons plus loin, les fils horizontaux de réticule ou de micromètre, chacun par deux fils assez rapprochés et également éloignés de part et d'autre du fil théorique, de sorte que la cote relative à celui-ci s'obtient par la moyenne des cotes des deux fils qu'on lui a substitués. Avec la graduation de mire signalée ci-dessus, on n'a plus de moyenne à prendre, il suffit d'ajouter les deux cotes correspondant aux fils voisins AB et A'B' (fig. 36).

En parlant de la stadia, nous avons vu que l'on pouvait, 1° disposer de la hauteur des divisions de la mire, de telle manière que le nombre des divisions interceptées représente en mètres la distance ; 2° faire à la partie centrale une division plus petite que les autres qui dispense de la correction relative au terme constant, etc. Les mires ainsi construites ne sont applicables qu'à une stadia déterminée, et ne pourraient convenir pour un nivellement ordinaire ; mais rien ne s'oppose à ce qu'elles servent à un nivellement trigonométrique.

Il résulte de l'aveu de presque tous les observateurs, et de nombreuses expériences, que la mire parlante est, sous tous les rapports, beaucoup plus avantageuse que la mire ordinaire.

Lever un plan avec la chaîne et l'équerre d'arpenteur. — *Équerre d'arpenteur.* — L'équerre d'arpenteur est un instrument destiné à mesurer et à tracer sur le terrain tous les angles multiples de 45° et spécialement les angles droits.

Elle se compose (fig. 37) d'une boîte métallique dont la section horizontale est un cercle ou un octogone régulier, comme on le voit sur le dessin. Au milieu de chaque pan du prisme creux en laiton est ouverte une fenêtre, formée d'une fente très-étroite parallèle aux arêtes du prisme. Dans les nouvelles équerres quatre de ces fenêtres opposées deux à deux sont formées sur la moitié de la hauteur d'une fente mince, et sur l'autre moitié d'une ouverture rectangulaire assez large que coupe en deux un fil qui se prolonge dans la fente; la disposition de deux fenêtres opposées est inverse, pour l'une la fente est en bas et pour l'autre c'est l'ouverture large qui est en bas. On obtient un alignement en regardant à travers l'appareil de manière à projeter deux fentes, placées à l'extrémité d'un même diamètre, sur l'objet qu'il s'agit de viser. Il est clair que l'on obtient avec cet appareil une ligne de visée beaucoup moins exacte que celle même d'une alidade à pinnules, puisqu'il s'agit d'aligner deux fenêtres voisines sur un point relativement fort éloigné. Mais, en somme, l'équerre d'arpenteur remplit le but auquel elle est destinée, et peut servir à obtenir tant bien que mal des alignements de faible longueur.

Le prisme ou le cylindre creux en laiton se visse sur une douille de même métal qui entre à frottement dur sur la tête conique d'un bâton ferré que l'on enfonce dans le sol ou que l'on maintient avec des pierres lorsque le sol est trop dur.

Fig. 37.

La visée n'est pas toujours très-commode lorsque les fentes sont très-étroites; on la facilite en terminant ces fentes par de petits trous circulaires.

Il est bon de vérifier les angles d'une équerre et spécialement les angles droits; pour cela on vise suivant le diamètre (a) une certaine direction, et on repère la direction du second diamètre (b), puis on fait tourner l'appareil de manière à amener le troisième diamètre (c) dans la direction qu'occupait tout à l'heure (b), si les deux angles (ab) (bc) sont égaux, le diamètre (b) devra se trouver dans la direction qu'avant lui occupait (a). Cela est toujours facile à vérifier; on passe de même en revue tous les autres angles successivement.

Outre l'équerre octogone et l'équerre cylindrique qui sont aujourd'hui les plus répandues, on a construit quelquefois des équerres sphériques, qui sont commodes lorsqu'on veut obtenir des visées plongeantes.

On rencontre aussi quelquefois l'équerre à double réflexion (fig. 37 *bis*). C'est une boîte cylindrique, dans laquelle on trace deux diamètres perpendiculaires aa', bb'. Sur ces diamètres, à des distances égales ox et oy, on place normalement à la section droite du cylindre deux miroirs m et m', qui font avec le diamètre correspondant un angle de 112°,30', et qui, par suite, font entre eux un angle de 45°. Le miroir (m) n'est poli que sur la moitié de sa hauteur, il est transparent sur le reste. Par la fenêtre (a) on aperçoit directement un jalon placé dans la direction (aa'); par la fenêtre b', les points qui se trouvent sur la direction bb' viennent se réfléchir d'abord sur m', puis sur m, et, par suite de la disposition de l'appareil et des lois de la réflexion, le rayon doublement réfléchi prend la direction Oa et arrive à l'œil de l'observateur. On fera donc placer dans la direction O B, un jalon que l'on apercevra par réflexion, et il sera bien sur le diamètre perpendiculaire au premier lorsque son image sera sur la même verticale que le jalon qu'on voit directement en A à travers la partie transparente du miroir m.

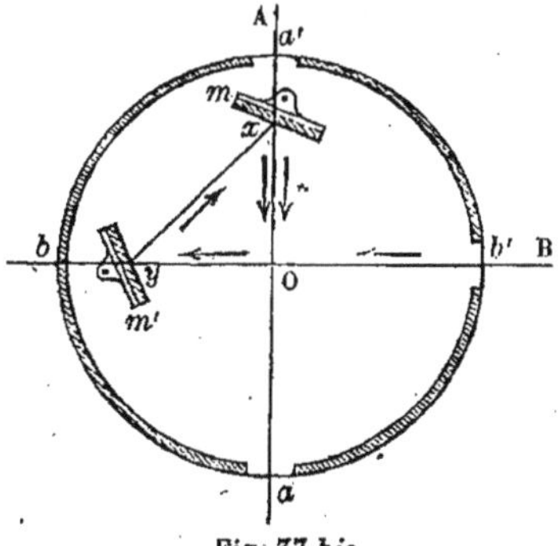

Fig. 37 *bis*.

Lever à la chaîne et à l'équerre. — Soit à lever le plan d'un chemin MNP, on trace un axe xx' que l'on jalonne, et, en des points tels que α de cet axe, on élève à l'équerre la perpendiculaire $\alpha aa'$. On mesure à la chaîne les distances $O\alpha$, αa, aa' ; et l'on a déterminé ainsi les deux points (a) et (a') par leurs coordonnées x et y par rapport à deux axes rectangulaires xx', yy'.

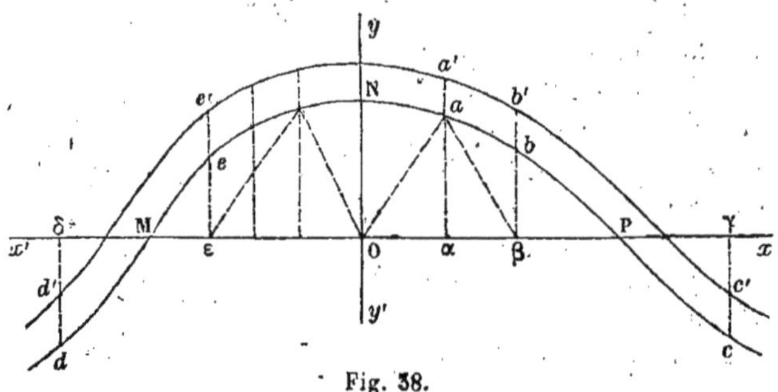

Fig. 38.

Sur une feuille de son carnet, l'opérateur dessine le croquis de la figure précédente, et il inscrit les cotes le long des coordonnées ; puis, dans le cabinet, il rapporte le plan sur une feuille de papier en se servant d'une échelle déterminée.

L'échelle est le rapport de la longueur qui représente une distance sur un plan à cette distance elle-même mesurée en vraie grandeur.

Il est facile de construire une échelle quelconque, soit avec le secours des règles divisées, soit par les procédés les plus simples de la géométrie élémentaire, en prenant pour bases les propriétés des triangles semblables ; nous n'avons pas à insister sur ce sujet.

Dans la méthode que nous venons de décrire, on peut simplifier le travail et en même temps lui conserver son exactitude en choisissant intelligemment les points dont on relève les coordonnées : on prendra, par exemple, les points qui correspondent à un changement bien accentué de forme et de direction.

Lever à la chaîne ou au mètre seuls. — L'opération est encore plus simple. On prend un axe xx', sur lequel on marque des points $\alpha, \beta, \gamma \ldots$ également ou inégalement espacés ; on mesure à la chaîne les distances qui les séparent, et, pour fixer un point, par exemple (a), figure 38, on prend ses distances aux deux points les plus voisins de l'axe, soit Oa, βa ces distances. Le triangle $Oa\beta$ est déterminé puisqu'on en connaît les trois côtés, et il est facile de le rapporter sur le plan, au moyen du croquis coté que l'on dessine sur les lieux.

Le lever au mètre ne convient guère que pour les plans d'édifice de formes régulières. Le lever à la chaîne peut s'appliquer aux détails d'un plan de rue ou de jardin.

Lorsqu'on a un plan d'une certaine étendue à relever, on trace d'abord ce que l'on appelle les lignes de canevas ou lignes principales, que l'on détermine exactement ; puis, on passe aux détails que l'on repère à la chaîne et à l'équerre ou simplement à la chaîne, par rapport à la ligne de canevas la plus proche ou la plus commode.

Lever à la planchette. — Le lever à la planchette consiste à dessiner sur place, à une échelle donnée, le plan exact d'un terrain.

La planchette se compose d'une table à dessiner, carrée et parfaitement dressée, que supporte un trépied par l'intermédiaire d'un assemblage de forme variable.

Pour avoir une grande stabilité, ce qu'il y a de meilleur, c'est le pied à trois branches doubles (fig. 39) ; la double branche de chaque montant se termine en bas par une douille pointue, et est réunie en haut à un cercle de bois par l'intermédiaire d'un axe horizontal muni d'une vis qui permet d'arrêter le montant à un écartement convenable.

La planchette se fixe sur le cercle de bois par une tige verticale, et on peut la rendre horizontale en écartant plus ou moins les trois montants.

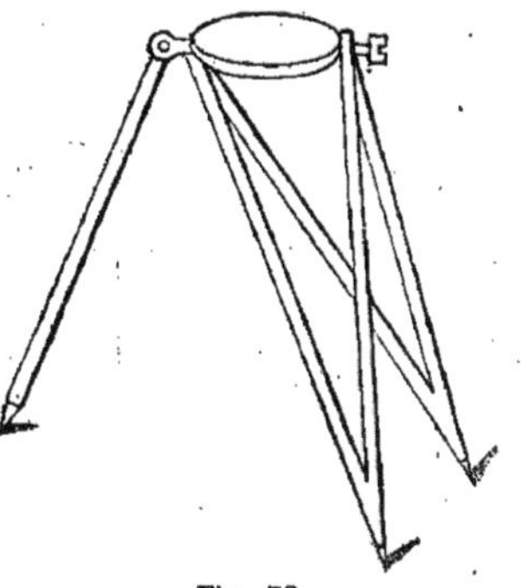

Fig. 39.

Quelquefois, on a recours à un genou à coquille (planche I, fig. 3); l'instrument porte, normalement à son plan, une tige qui se termine par une sphère, comprise entre les deux mâchoires d'un assemblage que l'on serre plus ou moins au moyen d'une vis. Cet assemblage ne convient pas pour un instrument lourd et encombrant comme la planchette ; car il se produit facilement, sous l'influence du vent ou d'un léger choc, un mouvement de bascule qui renverse le tout.

Le meilleur support pour la planchette est le genou à la Cugnot (planche I, fig. 4). Les trois branches d'un trépied s'assemblent sur une pièce de bois F, terminée par un cylindre en bois, dont l'axe est en *f* ; perpendiculairement à ce premier cylindre, on en trouve un autre E, traversé aussi par un axe métallique, et portant à ses deux bases des supports D qui soutiennent une planche circulaire C ; cette planche est réunie par un écrou central à une autre planche B sur laquelle on pose tout simplement la planchette A ; l'écrou central est tel, que B peut tourner à frottement doux sur C, de manière à se placer et à placer la planchette dans une direction quelconque ; lorsqu'on veut immobiliser B, on serre la vis (*c*) qui la réunit à C. On voit que l'appareil peut être incliné dans deux directions perpendiculaires : 1° autour de l'axe du cylindre E ; 2° autour de l'axe du cylindre F. On peut donc arriver à rendre horizontales deux directions rectangulaires de la face supérieure de la planchette, et alors cette face sera tout entière horizontale.

Les écrous que l'on manœuvre au moyen des ailes (*h h*), permettent de serrer les cylindres E et F, et de les rendre immobiles lorsque la planchette est horizontale.

Ce système est simple et solide : il ressemble beaucoup au joint universel dont nous parlerons en mécanique.

Pour en finir avec les supports d'appareil, nous décrirons encore le système de trépied que représente la figure 5, planche I, et que l'on rencontre dans la plupart des instruments actuels ; les trois branches sont mobiles autour de trois axes qui traversent le corps prismatique B du support ; ce corps prismatique se prolonge par un cône A, sur lequel on enfonce la douille métallique de l'instrument ; cette douille est traversée par une vis de pression qui la serre contre le cône A, et rend l'instrument immobile sur son pied. On donne à l'appareil une assiette convenable en écartant plus ou moins les branches du trépied, et lorsqu'on a obtenu la position cherchée, on fixe les branches en les serrant au moyen des écrous à ailes (*a*).

Revenons à la planchette : c'est une table carrée de $0^m,50$ de côté, de $0^m,015$ d'épaisseur, formée d'une bordure en bois de chêne qui maintient un remplissage en peuplier ; le bois doit être d'excellente qualité et les assemblages demandent à être particulièrement soignés, afin que la planchette, exposée aux intempéries, ne se voile point et ne se déjette pas rapidement.

Sur la planchette, on fixe avec des punaises ou bien on colle une feuille de papier convenablement tendue sur laquelle on doit rapporter le plan.

La face supérieure est rendue horizontale au moyen d'un niveau à bulle d'air, que l'on place successivement suivant l'axe de l'un et de l'autre cylindre qui composent le genou de l'appareil.

On sait que la base d'un niveau à bulle d'air est horizontale lorsque la bulle est amenée entre ses repères ; on amène donc la bulle entre ses repères pour les deux directions signalées ci-dessus, deux lignes de la planchette sont rendues horizontales, et par suite la face entière l'est devenue.

Nous avons obtenu un plan horizontal, c'est-à-dire parallèle au plan sur lequel on doit projeter les divers points du terrain. Reste à marquer sur ce plan les directions qui vont de la station aux points qu'il s'agit de relever.

Ces directions sont obtenues au moyen d'une alidade que l'on pose sur la planchette : l'alidade est à pinnules ou à lunettes.

La figure 40 représente l'alidade à pinnules déjà décrite ; la règle horizontale, sur laquelle sont implantées les pinnules, porte une échancrure dont la direction se confond avec celle que déterminent les fils opposés des deux pinnules ; cette direction s'appelle la ligne de foi. Lorsque l'alidade est dans l'alignement voulu, on peut tracer cet alignement sur la planchette en promenant la pointe d'un crayon sur la ligne de foi.

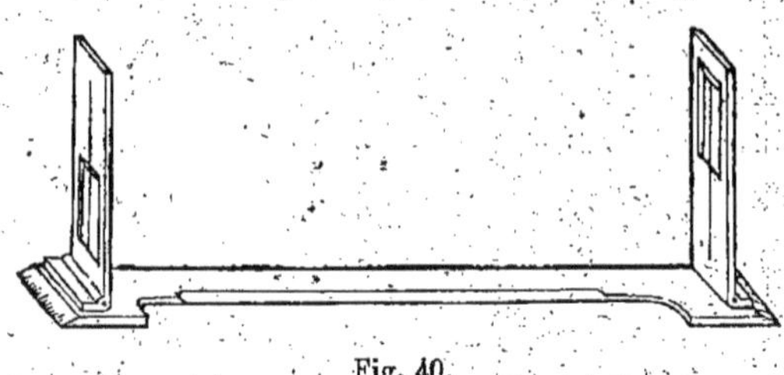

Fig. 40.

La figure 6, planche I, donne l'alidade à lunettes : c'est une règle métallique horizontale sur laquelle est implanté un pied vertical, terminé par un axe horizontal, autour duquel tourne une lunette : l'axe optique de la lunette décrit donc un plan vertical, et on s'arrange pour que ce plan passe par l'arête extérieure de la règle de base ; en promenant un crayon le long de cette base, on obtiendra l'alignement.

Que l'alidade soit à lunette ou à pinnules, il faut lui faire subir les vérifications suivantes :

S'assurer d'abord que le plan des fils ou le plan décrit par l'axe optique est vertical ; on s'en assure en visant les divers points d'un fil à plomb tendu à quelques mètres de distance ;

Vérifier si la ligne de foi coïncide bien avec la trace du plan vertical des fils ou de l'axe optique : pour cela, on vise une direction et on la marque au crayon en suivant la ligne de foi. On retourne l'appareil de 180° pour retrouver la même direction, et on promène de nouveau son crayon le long de la ligne de foi. La nouvelle ligne tracée sur la planchette doit coïncider avec la première. Si ces deux lignes font un angle, il est facile de reconnaître par un simple croquis que la ligne de foi fait avec la ligne des pinnules ou avec le plan de l'axe optique un angle moitié de celui qui est marqué sur le papier. On doit alors corriger l'appareil de la moitié de cet angle. Remarquez que cette vérification, facile avec l'alidade à pinnules, est plus complexe avec l'alidade à lunette, parce qu'on doit démonter la lunette afin de la retourner de 180°. Généralement, l'erreur, s'il y en a une, est comparable à celle que donne la pratique de l'appareil et on n'en tient pas compte.

Pour mettre l'appareil en station, 1° on rend la planchette horizontale, ce que l'on reconnaît au moyen d'un niveau à bulle d'air ou tout simplement au moyen d'une bille, que l'on pose sur le papier et qui doit y rester immobile ; 2° il faut en outre placer le sommet de l'angle que l'on veut tracer sur le papier dans la verticale du sommet de cet angle sur le terrain, sommet qui est marqué par un piquet que l'on trouve à peu près au centre du trépied ; pour cela, on se sert d'un grand compas en fer à branches courbes, qui embrassent entre elles la planchette ; la pointe inférieure porte un fil à plomb que l'on dirige sur le piquet, et avec la pointe supérieure on marque sur la planchette le point qui se trouve sur la verticale du piquet. On peut encore recourir à la tringle recourbée en forme d'U, que l'on voit sur la figure 41.

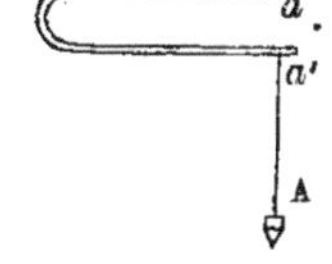

Fig. 41.

Aux stations qui suivent la première, on fait de plus mouvoir la planchette sur sa base, de manière à replacer dans leur alignement les lignes déjà tracées sur le papier et aboutissant à la station considérée.

D'une station à l'autre, la planchette est supposée se transporter parallèlement à elle-même ; pour l'orienter toujours dans la même direction, on remarque qu'une aiguille aimantée posée sur la surface ferait à chaque station le même angle avec une ligne tracée sur le papier. Pour réaliser cette idée, on a muni quelques planchettes de petites boussoles enchâssées dans un coin ; mais il est plus simple de recourir au déclinatoire, boîte rectangulaire dont le pivot central porte une aiguille aimantée ; les extrémités de l'aiguille (fig. 42) parcourent des arcs gradués dont le zéro se trouve sur le grand axe du rectangle. A la première station, on pose le déclinatoire sur la planchette, et avec un crayon on marque sur le papier le contour de la boîte rectangulaire, dont on a préalablement amené l'aiguille en face des deux zéros. Lorsqu'on se place à une autre station, on pose le déclinatoire exactement sur sa trace rectangulaire marquée au crayon, et l'on fait tourner la planchette jusqu'à ce que l'aiguille revienne au zéro ; on a alors obtenu l'orientation.

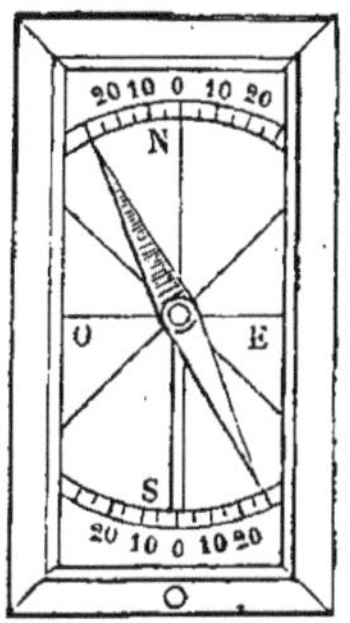

Fig. 42.

La direction des grands côtés du rectangle est celle du méridien magnétique ; les recueils de physique donnent en chaque lieu la déclinaison, c'est-à-dire l'angle du méridien magnétique avec le méridien géographique. On peut donc marquer sur la planchette la direction du méridien géographique, et indiquer sur le dessin les divers points cardinaux et leurs subdivisions.

D'après ce qui précède, il nous est bien facile de dire comment on procédera à un lever à la planchette : soit un polygone ABCDE dont on veut obtenir le plan ; trois méthodes peuvent conduire au but :

1re méthode. — On place la planchette en station au point A, et l'on marque sur le papier les deux alignements (AB, AE) (*ab*, *ae*) ; on mesure, à la chaîne ou à la stadia, la longueur AB, et on la porte en (*ab*) à une échelle convenable.

On va se mettre en station au point B, on marque la direction BC, puis on mesure la longueur BC et on la rapporte à l'échelle. On se rend alors au point suivant, on opère de même et ainsi de suite. Le polygone doit se fermer de lui-même lorsqu'on arrive à la dernière station E, et, de plus, la longueur (*ea*) doit, à l'échelle, représenter la distance EA mesurée sur le terrain.

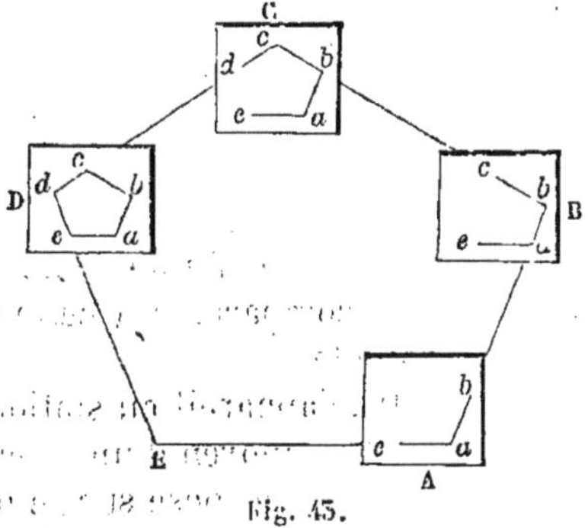

Fig. 43.

2ᵉ méthode. — Si l'on est en terrain plat, et que, d'un point central O, on puisse apercevoir tous les sommets du polygone, on met l'appareil en station à ce point O et l'on trace sur le papier toutes les directions OA, OB, OC..., dont on mesure ensuite les longueurs sur le terrain. Ces longueurs rapportées permettent d'achever le dessin; comme vérification, on peut comparer la longueur réelle d'un côté AB avec la longueur obtenue (fig. 44).

3ᵉ méthode. — Les deux méthodes précédentes exigent la mesure d'autant de bases qu'il y a de côtés au polygone (2ᵉ méthode), ou qu'il y a de côtés moins

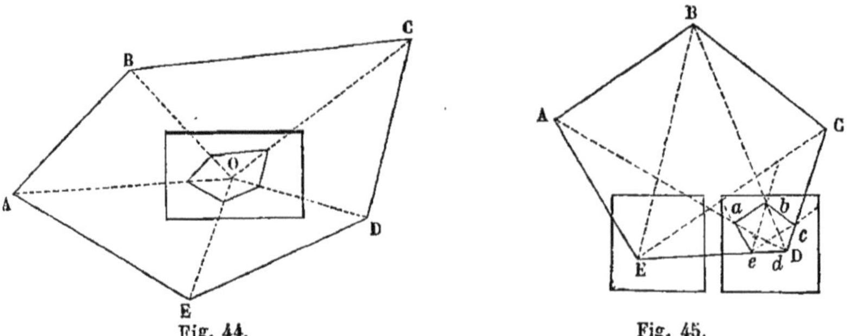

Fig. 44. Fig. 45.

un (1ʳᵉ méthode). — La 3ᵉ méthode est plus simple (fig. 45); on mesure une base ED, et l'on se met successivement en station aux deux extrémités E et D de cette base; là, on marque sur le papier, non-seulement les directions des côtés du polygone, mais encore celles de toutes les diagonales, de sorte que l'on obtient par l'intersection de deux droites tous les sommets du polygone.

Il est clair que ce procédé est expéditif, mais il est loin de donner des résultats très-exacts.

On comprend bien que l'on n'est point forcé de choisir pour base un des côtés DE du polygone; on peut prendre une base quelconque en dedans ou en dehors du polygone, plus commode à mesurer exactement et des extrémités de laquelle on découvre nettement tous les sommets du polygone. Ils s'obtiennent toujours par l'intersection des deux lignes de visée correspondant à l'une et à l'autre extrémité de la base.

Lever au graphomètre. — Au lieu de construire directement les angles sur

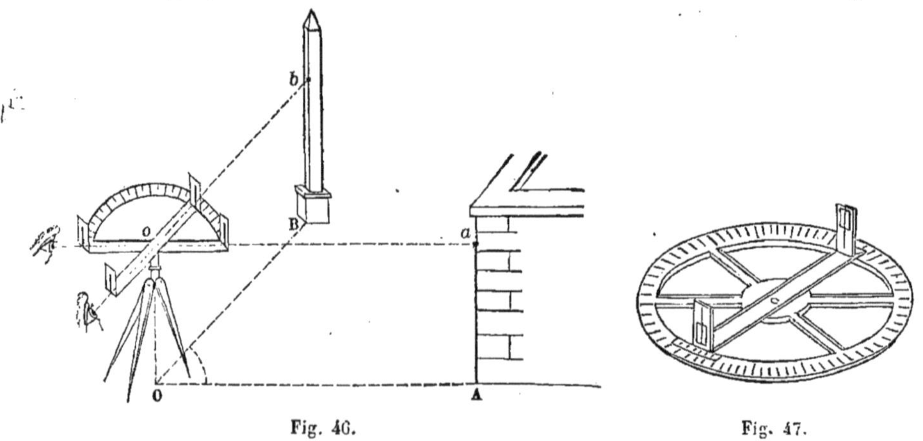

Fig. 46. Fig. 47.

le papier, comme on le fait avec la planchette, on peut se proposer de les obtenir en degrés, minutes et secondes au moyen d'un goniomètre, ou appareil à mesurer les angles (de *gônia*, angle, et *metrein*, mesurer).

On se sert, en minéralogie, pour mesurer les angles des cristaux, de goniomètres basés sur les lois de la réflexion et de la réfraction à travers les prismes de verre.

En géodésie, le seul goniomètre employé est l'instrument qui porte, on se demande pourquoi, le nom de graphomètre (de *graphein*, écrire, et *metrein*, mesurer).

Le graphomètre (fig. 46 et 47) est un demi-cercle, et mieux un cercle gradué, plein ou évidé, qui porte suivant deux de ses diamètres deux alidades à pinnules : l'une fixe qui correspond aux points 0° et 180°, l'autre mobile autour d'un axe perpendiculaire au plan du cercle.

Avec l'alidade fixe (fig. 46), on vise un point A, et l'on porte ensuite l'alidade mobile sur un point B ; l'arc parcouru sur le cercle mesure l'angle AOB, que l'on obtient ainsi en degrés et fractions de degrés.

Le graphomètre le plus ordinaire n'est qu'un demi-cercle, qui repose sur un trépied par l'intermédiaire d'un assemblage à coquilles avec douille.

Les graphomètres perfectionnés ont un cercle complet et souvent on y remplace les alidades par des lunettes la lunette fixe est en dessous du cercle, et la lunette mobile en dessus. Sur le cercle est placé un niveau à bulle, grâce auquel on obtient l'horizontalité, tandis que dans le graphomètre ordinaire, l'horizontalité s'apprécie à l'œil. Il est clair que les deux lunettes doivent pouvoir prendre un mouvement de rotation d'une certaine amplitude autour d'un axe horizontal. Cet appareil est monté sur un genou à coquilles, et plutôt, à cause de sa lourdeur, sur un pied avec trois vis calantes, comme nous le verrons pour les niveaux.

Les graphomètres perfectionnés ne nous paraissent pas utiles ; lorsqu'on fait tant que de s'en servir, il vaut mieux, pensons-nous, recourir à un système analogue au théodolite qui donne à la fois le plan et le nivellement du terrain.

Nous ne nous occuperons donc que du graphomètre ordinaire. — Signalons toutefois un petit appareil qu'on peut lui substituer : le pantomètre de Fouquier ou équerre graphomètre (fig. 48). C'est une équerre cylindrique divisée en deux cylindres d'inégale hauteur (*a* et *b*) ; le cylindre inférieur (*a*) est fixe sur la douille, il n'a qu'une ligne de visée qui est donnée par deux fenêtres avec fentes et fils, et se termine en haut par une graduation circulaire de 0° à 360°. Ce cylindre représente l'alidade fixe et le cercle gradué du graphomètre.

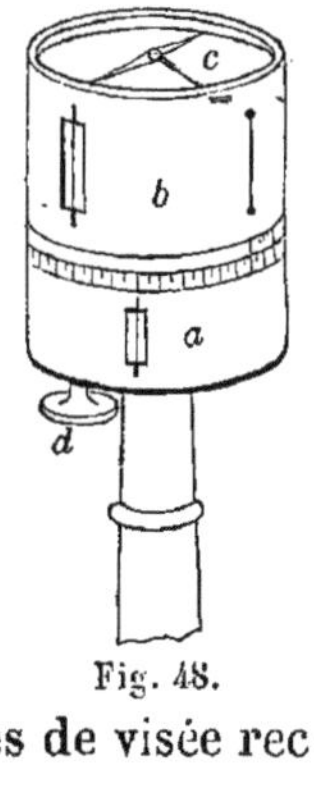

Fig. 48.

Le cylindre supérieur (*b*) est mobile autour de son axe ; pour cela, il porte à sa base une crémaillère circulaire intérieure que fait mouvoir un pignon denté qui se manœuvre de l'extérieur par le bouton fileté *d*. A sa base, il porte en outre, mais à l'extérieur, un vernier dont le zéro est dans la direction d'une des deux lignes de visée rectangulaire ménagées dans ce cylindre (*b*).

Au-dessus de cette équerre composée, on voit une aiguille aimantée. Étant donné deux directions, on vise l'une avec le cylindre (*a*) et l'autre avec le cylindre (*b*) ; le vernier donne l'angle de ces deux directions. Le cylindre supérieur peut, si l'on veut, servir d'équerre ordinaire.

On ajoute quelquefois à cet appareil une lunette mobile avec le cylindre supérieur ; c'est un luxe inutile, peu en rapport avec l'exactitude de l'instrument, et qui a le tort de compliquer le pantomètre dont le plus grand mérite est sa simplicité et son petit volume.

Un graphomètre doit être soumis à une vérification rigoureuse en ce qui touche surtout le centrage de l'alidade mobile. On reconnaîtra si le centrage est convenable, c'est-à-dire si l'axe de rotation de l'alidade passe par le centre du cercle gradué, de la manière suivante : on a deux directions jalonnées; sur l'une on dirige l'alidade fixe, sur l'autre l'alidade mobile, les deux directions font ensemble un angle A. Cela fait, on dirige l'alidade mobile d'abord sur la première direction, en plaçant le O aux divisions 10°, 20°, 30°... du cercle gradué ; puis on la reporte sur la deuxième direction, on voit à chaque fois quel angle elle a parcouru : le centrage sera exact, si cet angle est constant et égal à A. Il ne faut pas que la plus grande différence dépasse une minute ou deux.

Signalons encore l'erreur de collimation : lorsque le vernier de l'alidade mobile a son zéro en coïncidence avec le zéro du cercle gradué, le plan de visée de cette alidade devrait coïncider avec le plan de visée de l'alidade fixe. Souvent ces deux plans font un angle qui produit sur les angles mesurés avec l'appareil une erreur en plus ou en moins.

De plus, il peut se faire que les lignes de visée ne coïncident pas avec les lignes de foi des alidades.

De tout cela résulte une erreur constante, que l'on peut trouver en mesurant un angle avec un appareil de précision, et cherchant la différence qu'il y a entre cette mesure et celle du graphomètre. On obtient la valeur constante de la correction qu'il faut appliquer à tous les résultats que fournira l'instrument considéré.

La méthode de lever au graphomètre est analogue à celle de la planchette : au lieu de faire sur le terrain un dessin exact à une échelle déterminée, l'opérateur exécute un croquis sur lequel il marque les valeurs trouvées pour les angles et les longueurs. Rentré dans son cabinet, il peut construire un plan exact avec le compas et le rapporteur, à moins qu'il ne préfère calculer les côtés et les angles inconnus au moyen des formules simples de la trigonométrie rectiligne.

On peut recourir à l'une ou à l'autre des trois méthodes que nous avons décrites en parlant de la planchette.

Il y a pour les résultats fournis pour le graphomètre une vérification bien simple, résultant du théorème usuel de géométrie élémentaire : la somme des angles intérieurs d'un polygone est égale à autant de fois deux droits qu'il y a de côtés moins deux, ou bien, ce qui revient au même, la somme des angles extérieurs d'un polygone est indépendante du nombre des côtés et égale à quatre droits.

Lever à la boussole. — Rappelons rapidement les propriétés de l'aiguille aimantée posée en équilibre sur une pointe qui lui permet de se diriger dans tous les azimuts de l'horizon.

Le magnétisme terrestre agit sur une pareille aiguille, qui en chaque point du globe affecte une direction fixe, à laquelle elle revient d'elle-même, lorsqu'on l'en écarte. Cette direction fixe est ce qu'on appelle le méridien magnétique.

La moitié de l'aiguille, qui est toujours tournée vers le pôle magnétique nord, comprend le pôle nord de l'aiguille, ou pôle austral, d'ordinaire elle est peinte en bleu; celle qui regarde le pôle magnétique sud correspond au pôle sud ou boréal de l'aiguille, on lui laisse sa couleur grise.

Le méridien magnétique ne coïncide pas avec le méridien géographique; l'angle qui mesure l'écartement de ces deux grands cercles en chaque point du globe s'appelle la déclinaison; en un lieu déterminé, la déclinaison est mesurée par l'angle horizontal de l'aiguille aimantée et de la méridienne géographique, car ces deux directions sont tangentes aux grands cercles méridiens à leur point d'intersection.

A la même époque, l'angle de déclinaison varie d'un point à l'autre du globe; mais en outre il varie avec le temps en un lieu donné.

Ainsi, à Paris, en 1580, la déclinaison était orientale et de 11°, c'est-à-dire que l'aiguille aimantée s'écartait de 11° de la méridienne dans la direction de l'est; elle s'est ensuite rapprochée de la méridienne jusqu'en 1663, où la déclinaison fut nulle; depuis cette époque, la déclinaison est devenue occidentale, et a été en croissant jusqu'en 1814 où elle a atteint son maximum 22°½; depuis cette époque elle diminue sans cesse.

L'Annuaire du Bureau des longitudes donne, pour chaque année, la déclinaison en divers points du globe.

Outre ces variations séculaires, il existe des variations diurnes, peu importantes, qui cependant ne laissent point que d'affecter d'une certaine erreur les mesures fournies par la boussole, et des variations accidentelles qu'amènent les orages et surtout les aurores boréales.

La boussole géodésique se compose (pl. I, fig. 7) d'une caisse plate en bois, à section carrée, au centre de laquelle est fixée, sous un verre, une aiguille aimantée, reposant, par l'intermédiaire d'une chape en agate, sur un pivot en acier. On peut rendre la boîte horizontale au moyen du niveau à bulle (*b*) : on la place pour cela dans deux directions perpendiculaires, et, pour chacune d'elles, on amène la bulle entre ses repères; deux lignes de la surface étant devenues horizontales, la surface entière l'est aussi devenue. A ce moment, le pivot de la boussole est vertical, et l'aiguille peut tourner librement autour de ce pivot; ses extrémités parcourent un cercle gradué. Sur le côté de la boîte est une alidade, ou mieux une lunette (*a*) mobile autour d'un axe horizontal. Son axe optique décrit un plan vertical qui doit être parallèle au diamètre 0°—180° du cercle gradué, diamètre qui lui-même est parallèle à deux côtés de la boîte. On voit sur le côté un papillon (*e*) enfermé dans un creux, et pouvant recevoir un mouvement de va-et-vient, par lequel il agit sur le levier (*d*) qui porte le pivot de l'aiguille, et peut soulever ou abaisser ce pivot. Lorsque l'on ne se sert point de l'appareil, on soulève le pivot, de manière à appliquer l'aiguille contre le verre et à la rendre immobile.

La caisse horizontale porte à la partie inférieure une tige verticale avec un genou à coquilles et une douille que supporte un trépied.

Supposons qu'il s'agisse de mesurer l'angle de deux directions; on les vise successivement avec la lunette, et l'aiguille aimantée, qui conserve une direction fixe, indique sur le cercle gradué l'arc parcouru et, par suite, l'angle cherché. Cela revient en somme à noter, à chaque visée, la position d'une extrémité de l'aiguille, toujours la même, et à inscrire sur un carnet l'angle que la moitié de l'aiguille, dont il s'agit, fait avec le diamètre 0°—180°, que l'on appelle ligne de foi.

Plusieurs précautions et vérifications sont à prendre lorsqu'on se sert de la boussole :

L'aiguille doit être parfaitement mobile, afin que l'instrument soit sensible et exact; dans certains cas, cependant, un excès de sensibilité est nuisible, parce que les oscillations de l'aiguille sont très-longtemps à s'éteindre.

On vérifie le centrage de l'aiguille en faisant faire à la boîte un tour complet et en regardant si, à chaque instant, la différence entre les deux arcs, marqués par les pointes de l'aiguille, est bien de 180° Dans le cas où il existe un défaut de centrage, on dévisse le verre et on rectifie avec une pince la position du pivot.

Lorsque la boussole est horizontale, le plan décrit par l'axe optique de la lunette doit être vertical, ce que l'on vérifie en visant les divers points d'un fil à plomb tendu à une faible distance.

Ce même plan doit être parallèle au plan vertical qui passe par la ligne de foi (0°—180°) : pour le vérifier, on amène l'aiguille suivant la ligne de foi et l'on vise une ligne jalonnée ; puis on démonte la lunette, et on la replace sur son axe de rotation horizontale, après l'avoir fait tourner de 180° autour de son axe de figure; on vise de nouveau la ligne jalonnée, et on regarde si l'aiguille coïncide toujours avec la ligne de foi. Si la coïncidence a encore lieu, c'est que le plan vertical de l'axe optique est parallèle au plan vertical de la ligne de foi; si la coïncidence n'a pas lieu, l'écart de l'aiguille, que l'on observe sur le cercle gradué, représente le double de l'angle que font ensemble les deux plans verticaux de la ligne de foi et de l'axe optique; en effet, celui-ci, dans sa rotation théorique de 180° a décrit, autour de l'axe de figure de la lunette, un cône de révolution dont le demi-angle, au sommet, est égal à l'angle cherché. Cette vérification n'est pas facile ; elle est, du reste, peu utile, car ce qu'il importe d'avoir, c'est surtout la différence des angles que font les diverses directions avec le méridien magnétique, et dans cette différence l'erreur constante disparaît.

La ligne de visée, ou plutôt le plan de visée, plan vertical décrit par l'axe optique, doit être normal à l'axe de rotation de la lunette. Pour le reconnaître, on vise un point très-éloigné, puis on retourne la boussole de 180°; la lunette passe, par exemple, de la droite de l'observateur à sa gauche, mais ce n'est plus l'oculaire qui est en face de l'observateur, c'est l'objectif; pour ramener l'oculaire à soi, l'observateur doit faire faire à la lunette, autour de son axe horizontal, une rotation de 180° ; si l'axe optique est perpendiculaire à cet axe horizontal, il décrira un plan, et l'on retrouvera dans la direction de la lunette le point éloigné que l'on visait tout à l'heure; mais, si l'axe optique n'est pas normal à l'axe de rotation, il décrira, par rapport à cet axe de rotation, un cône de révolution dont le demi-angle au sommet sera l'angle (voisin d'un droit) que fait l'axe optique avec l'axe de rotation de la lunette; pour retrouver dans la lunette le point éloigné que l'on avait d'abord visé, il faudra faire tourner la boussole d'un angle que l'on mesurera par le déplacement de l'aiguille aimantée. Cet angle est le double du complément du demi-angle au sommet du cône de révolution dont nous parlions plus haut. Il faudra donc faire mouvoir le fil vertical du reticule, de manière à corriger la direction de l'axe optique d'un angle égal à la moitié de celui que l'on lit sur la boussole. On pourrait, à la rigueur, se servir d'une boussole, non corrigée sous ce rapport, en déduisant les angles de la moyenne de deux observations, faites, l'une avec la lunette à droite, l'autre avec la lunette à gauche de l'observateur.

On a dû remarquer que nous insistions, dans ce qui précède, sur la nécessité de viser un point éloigné. Cela a pour but de rendre très-faible l'erreur d'excentricité.

L'erreur d'excentricité n'est pas spéciale à la boussole ; elle existe dans tous les instruments dont la ligne de visée est en dehors de l'axe vertical de rotation. En effet, ce sont les directions passant par cet axe vertical que l'on doit viser, et non point celles qui passent par l'axe optique d'une lunette excentrique. Si, sur un plan horizontal, nous appelons (a) la trace de la verticale centrale de l'appareil, et (b) le point qu'il faut viser, (a') la trace de la verticale correspondant à la rencontre de l'axe optique et de l'axe horizontal de rotation, au lieu de viser la droite (ab), c'est la droite ($a'b$) que l'on vise ; l'erreur est mesurée par l'angle (aba'), dont la tangente est égale à $\left(\frac{aa'}{ab}\right)$. Dans la boussole, ($aa'$) est la moitié du côté du carré de la boîte, soit $0^m,10$; supposez le point (b) à une distance de 100 mètres, la tangente sera de $\frac{1}{1000}$, ce qui correspond à un angle très-faible (3 minutes environ), bien inférieur aux erreurs possibles de lecture, puisque l'on n'a pas de vernier pour apprécier les fractions de degré.

La boussole n'est donc pas un instrument bien précis, et, généralement, on ne cherche pas à la rendre absolument horizontale; on la débarrasse de son niveau à bulle, et c'est à l'œil qu'on la met en station.

Ajoutons que l'amplitude des variations diurnes peut atteindre 15 minutes, et ce n'est pas un observateur ordinaire qui peut en tenir compte.

Lorsqu'on opère à la boussole, il faut avoir soin d'en éloigner tous outils et appareils en fer, et se dispenser de porter avec soi des clefs ou des couteaux d'une certaine dimension. On doit toujours compter les angles dans le même sens, et faire toutes les visées en ayant la lunette toujours du même côté de l'opérateur.

Malgré son peu de précision, la boussole est un appareil commode et expéditif.

Il sert à mesurer tous les angles d'un polygone, et l'on peut, avec lui, lever un plan par une des trois méthodes signalées pour le graphomètre et pour la planchette.

Sextant.— Le sextant est un appareil destiné, comme les précédents, à la mesure des angles; on peut l'employer pour les observations terrestres; mais ce ont surtout les marins qui s'en servent pour relever les distances angulaires des astres.

Il se compose (fig. 49) d'un secteur de cercle, dont les deux rayons CA, CB comprennent entre eux un angle de 60°, d'où le nom de sextant. Le rayon CA porte

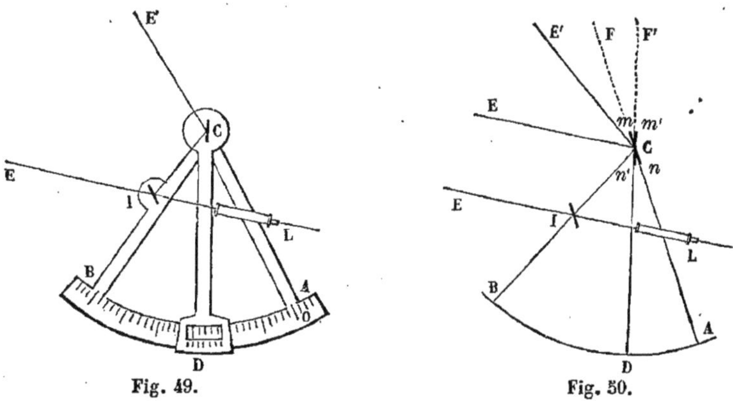

Fig. 49. Fig. 50.

une lunette L, et le rayon CB un petit miroir I normal au plan du cercle ; ce miroir est étamé seulement sur la moitié de sa surface qui regarde l'intérieur du secteur ; l'autre moitié est transparente. Au centre C est un autre miroir, complètement étamé, perpendiculaire au plan du cercle et mobile autour du centre, en même temps que le rayon ou alidade D qui porte un vernier. Lorsque le zéro de l'alidade correspond avec le zéro de l'arc, les deux miroirs sont parallèles entre eux et à la direction CA. L'axe optique de la lunette L est perpendiculaire à la bissectrice de l'angle ACB, de sorte que le triangle CIL a ses trois angles égaux.

Ceci posé, supposons qu'on regarde un astre E, situé à une distance que l'on peut admettre infinie, on tient l'appareil à la main et on le dirige de manière à apercevoir directement l'astre E suivant la ligne LI, qui passe par la ligne de séparation des deux moitiés du miroir I. On recevra deux images de l'astre E, l'une directe à travers la lame transparente, l'autre deux fois réfléchie sur les miroirs C et I; en effet, le rayon incident EC fait avec le miroir (*mn*) un angle ECF = ILC, et par suite = ICL; le rayon réfléchi (*mn*) prendra donc la direction CI, et se réfléchira sur I, suivant IL, parallèle à CE.

Proposons-nous maintenant de mesurer l'angle que forment entre eux les lignes qui joignent l'observateur à deux astres E et E′. On dirige le plan du sextant de manière à ce qu'il passe par les deux astres; on regarde directement l'astre E à travers la plaque transparente et suivant la ligne de séparation de la partie étamée et de la partie non étamée, puis on fait mouvoir l'alidade et, par suite, le miroir C, jusqu'à ce que l'image deux fois réfléchie de l'astre E′ vienne coïncider avec l'image directe de E. L'angle ACD parcouru par l'alidade et par le miroir mobile est, à ce moment, la moitié de l'angle ECE′ des deux astres.

En effet

$$ECF = ICA \quad E'CF' = ICD,$$

ce qui peut s'écrire

$$ECF + FCF' \text{ ou } ECF' = ICA + ACD \text{ et } E'CF' = ICD = ICA - ACD.$$

Retranchant ces deux inégalités membre à membre, il viendra

$$ECF' - E'CF' \text{ ou } ECE' = 2.ACD,$$

ce qu'il fallait démontrer.

Afin de ne pas avoir à doubler les angles, on divise l'arc AB de 60° en 120 parties égales, que l'on considère comme des degrés, et l'on obtient immédiatement à la lecture l'angle cherché.

De l'arpentage. — L'arpentage est, avons-nous dit, le calcul de la superficie d'un terrain rapportée aux mesures usuelles.

Il exige la connaissance des formules simples de géométrie élémentaire qui donnent la mesure des surfaces régulières, telles que le triangle, le rectangle, le trapèze, le cercle.

Nous ne dirons point comment on opère pour mesurer un terrain ayant pour contour une des formes précédentes, et nous passons tout de suite à la superficie d'un polygone d'un nombre quelconque de côtés. On a relevé le plan de ce polygone, et l'on a mesuré sur le terrain les angles et les longueurs nécessaires au calcul :

1° On peut le décomposer en triangles de trapèzes, comme on le voit sur la figure 51, on calcule ces surfaces élémentaires et on en fait le total.

2° Au lieu d'une base AB, qui soit diagonale du polygone, on est quelquefois forcé de choisir une base xx' en dehors du polygone : la superficie de celui-ci s'obtient alors (fig. 52) en retranchant l'une de l'autre les superficies totales de deux séries de trapèzes.

3° Lorsqu'on doit prendre la superficie d'un terrain ABCDE (fig. 53) sur lequel on ne peut pénétrer, on l'entoure, par exemple, d'un rectangle MNPQ, dont on mesure la superficie ; on abaisse de tous les sommets du polygone des perpendiculaires sur les côtés du rectangle, comme le montre la figure ; on calcule par

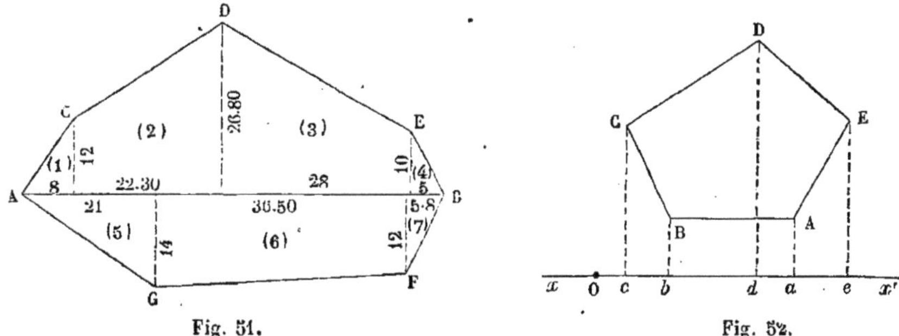

Fig. 51. Fig. 52.

trapèzes et rectangles la superficie du terrain compris entre le polygone donné et le rectangle qui l'entoure. La différence des deux superficies, calculées ci-dessus, donne la surface que l'on cherchait.

Dans les arpentages ordinaires, on ne rencontre pas souvent des terrains limités par des parties courbes ; cela se présente cependant quelquefois ; on cal-

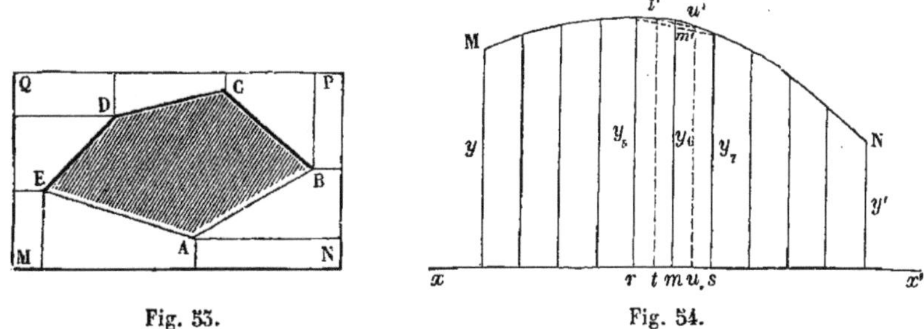

Fig. 53. Fig. 54.

cule alors les superficies d'une manière suffisamment approchée en remplaçant les courbes par une série de lignes droites intelligemment choisies, ou par des arcs de cercle qui donnent une série de segments circulaires, ou encore par la formule, dite de Simpson, dont voici le principe.

Soit à trouver la superficie d'une figure plane, limitée à une droite xx', à deux ordonnées y et y' perpendiculaires à l'axe xx' et à une courbe irrégulière MN (fig. 54). Divisons la base xx' en un nombre pair de parties égales de longueur (a) ; élevons, en chaque point de division, l'ordonnée de la courbe et mesurons-la.

Considérons la surface comprise entre deux ordonnées de rang impair y_5, et y_7, et partageons l'intervalle rs en trois parties égales qui, par suite, seront représentées par $\frac{2a}{3}$; menons les ordonnées tt', uu' ; la portion de surface considérée (s) diffère peu des trois trapèzes rectilignes, limités aux ordonnées y_5, tt', uu', y_7, donc :

$$S = \frac{a}{3}(y_5 + 2tt' + 2uu' + y_7).$$

Joignons par une droite les points t' et u', nous aurons $tt' + uu' = 2\,mm'$, et

$$S = \frac{a}{3}(y_5 + 4mm' + y_7).$$

La surface que donne cette formule est trop petite si la courbe est convexe, et trop grande si la courbe est concave; admettons que la courbe soit convexe, et pour nous rapprocher du résultat vrai, remplaçons mm' par l'ordonnée y_6, nous aurons

$$S = \frac{a}{3}(y_5 + 4y_6 + y_7).$$

En totalisant les résultats, nous obtenons la formule de Simpson :

$$S = \frac{a}{3}\left\{ (y + y') + 4\Sigma y_{2n} + 2\Sigma y_{2n+1} \right\}.$$

qui s'énonce en langage vulgaire :

La surface est égale au tiers de l'élément (a) multiplié par : 1° la somme des ordonnées extrêmes ; 2° quatre fois la somme des ordonnées de rang pair, et 3° deux fois la somme des ordonnées de rang impair.

Cette formule est assez complexe, et l'on peut opérer plus rapidement.

On dessine la surface, réduite à une échelle donnée, sur du papier quadrillé dont les petits carrés ont, par exemple, un millimètre de côté. On compte le nombre de ces petits carrés que comprend la figure, et on en déduit la surface.

M. Dupuit, inspecteur général des ponts et chaussées, a imaginé un petit appareil qui peut rendre de bons services pour le calcul des surfaces de déblai et de remblai.

Soit à mesurer la surface ABCDE (pl. II, fig. 4) ; on mène deux tangentes parallèles, et, entre elles, on insère un certain nombre de droites parallèles et équidistantes; soit (a) leur distance, la surface a pour mesure la somme d'une série de trapèzes, et cette somme est égale au produit de la distance (a) par la somme des longueurs qu'intercepte le contour sur les parallèles que nous venons de tracer.

Pour obtenir cette somme de longueurs, M. Dupuit a recours à la roulette de la figure 5, planche 2; c'est un cercle métallique dont la circonférence graduée a 1 décimètre de longueur, il est enchâssé dans une fourchette que l'on tient à la main, et peut tourner facilement autour de son axe; cet axe porte un pignon à 6 dents, qui engrène avec une roue de 60 dents; celle-ci entraîne une aiguille qui se meut sur un cadran. On promène cette roulette successivement sur toutes les longueurs à mesurer; elles se cumulent et on obtient la somme en notant : 1° le nombre de tours de la roulette indiqué sur le cadran par l'aiguille qui fait un tour pendant que la roulette en fait dix, et 2° la fraction de tour indiquée par la division de la roulette qui se trouve en face de l'aiguille prolongeant la fourchette.

Il est nécessaire d'appuyer la roulette sur le papier afin d'éviter tout glissement; peut-être faudrait-il la garnir de dents, comme on fait pour la molette d'un éperon.

Avec un contour analogue à celui de la figure 54, si l'on admettait un système de parallèles perpendiculaires à xx', il faut remarquer que la surface serait mesurée par le produit de l'intervalle (a) et de 1° la demi-somme des ordonnées extrêmes, 2° la somme des ordonnées intermédiaires. Pour appliquer le système de M. Dupuit, il y aurait à faire la moyenne de deux sommes.

Problèmes d'arpentage. — Les questions d'arpentage donnent lieu quelquefois à certains problèmes qui ressortent de la géométrie élémentaire, et que nous allons passer fort rapidement en revue.

1° Trouver le point d'intersection de deux droites sur le terrain.

2° Mener par un point A d'une droite une perpendiculaire à cette droite AB. On peut imaginer plusieurs solutions : la plus simple est d'avoir trois cordeaux, dont les longueurs soient entre elles comme les nombres 3, 4, 5. Vous prenez sur AB une distance $AC=3$; du point A, comme centre avec le cordeau de longueur 4, vous décrivez, aux environs de la perpendiculaire cherchée, un petit arc de cercle; vous en faites autant du point C comme centre avec le cordeau de longueur 5; vous avez construit un triangle rectangle, car $5^2=4^2+3^2$, et l'un des côtés est perpendiculaire à l'autre.

Divers autres problèmes, qui reviennent à tracer des droites, faisant avec une autre droite des angles donnés, sont pour nous sans intérêt. Le lecteur les inventera sans peine, s'il en a besoin, et s'il n'a pas de graphomètre ou de cercle gradué à sa disposition.

3° Mener par un point C une parallèle à AB. On abaisse de ce point C une perpendiculaire sur AB, on la mesure; en un autre point de AB, on élève une perpendiculaire égale à la première, et on en joint l'extrémité au point C. Ou bien, on abaisse de C une perpendiculaire sur AB, et on élève à la droite, ainsi obtenue, une perpendiculaire en C; deux droites perpendiculaires à une troisième sont parallèles. On peut encore avoir recours aux propriétés des triangles semblables, qui fourniront de nouvelles solutions.

Fig. 55.

4° Mesurer une droite BC qui rencontre un obstacle; on élève en B et C deux perpendiculaires égales B*b*, C*c*, et l'on mesure la droite (*bc*). Même construction pour prolonger une droite AB à travers un obstacle. On peut encore imaginer d'autres procédés.

5° Mesurer une droite AC (fig. 56) dont une extrémité est inaccessible; menez AD perpendiculaire à AC; prenez pour AD une valeur quelconque et portez

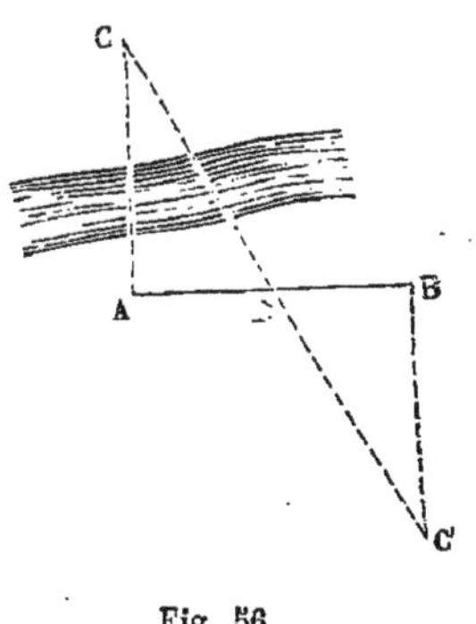

Fig. 56.

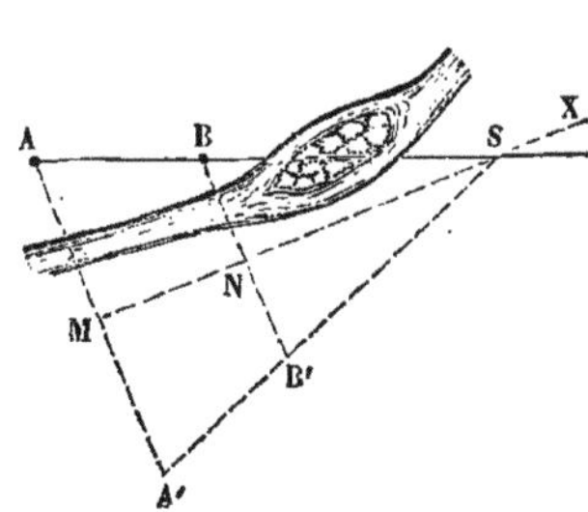

Fig. 57.

$DB=AD$; élevez BC′ perpendiculaire à AB′, et cherchez le point C′ dans le prolongement de l'alignement CD. La longueur BC′ est égale à AC.

Il sera plus exact de recourir à la trigonométrie, de mesurer une base AD et les angles à la base du triangle ACD; par le calcul, on obtiendra la distance.

6° Mesurer une droite AB inaccessible (fig. 57); prenez un point M, tracez l'alignement AM, élevez MN, perpendiculaire à AM, cherchez sur cette droite le pied N de la perpendiculaire abaissée de B; mesurez, comme au paragraphe précédent, les longueurs MA, NB que vous portez en MA′, NB′; vous avez A′B′=AB. De plus, en prolongeant MN et A′B′, ces deux droites se coupent en un point S qui appartient à AB.

Mais, nous le répétons, tous ces problèmes ne se résolvent jamais que par la trigonométrie.

7° Par un point C, mener une parallèle à une droite inaccessible AB. On prend sur une direction quelconque une longueur CD, on trace les alignements DA, CB, qui se coupent en E; on mesure directement la longueur EC, et l'on cherche, comme nous l'avons fait plus haut, les longueurs EA, EB, dont on a une extrémité E; on calcule une quantité $EM = EC.\frac{EA}{EB}$ et on porte cette longueur EM sur ED, on joint CM et on a une ligne parallèle à AB, car les deux triangles ABE, CME sont semblables.

8° Partager un triangle, un rectangle, un carré, un trapèze, un polygone quelconque dans un rapport donné. C'est un problème que l'arpenteur rencontrera souvent dans les partages de succession; généralement, on le résout en opérant le partage sur un plan exact, réduit à une échelle donnée. Pour le triangle et le trapèze, il existe des méthodes de division fournies par la géométrie élémentaire : le lecteur pourra, s'il le veut, les rechercher à titre de curiosité, mais l'arpenteur ne s'en servira pas souvent. Il calculera les inconnues par des équations simples qui, le plus souvent, se réduisent à une simple proportion.

CHAPITRE III

NIVELLEMENT

Exposé de la question. Niveau apparent, niveau vrai. Réfraction atmosphérique. — Nous avons vu qu'un point de l'espace était déterminé : 1° par les deux coordonnées de sa projection sur la surface du niveau moyen de la mer ; 2° et par son altitude, c'est-à-dire par sa distance à cette surface de niveau moyen ; l'altitude peut encore se définir : la portion de verticale interceptée entre la surface du niveau moyen et la surface de niveau qui passe au point considéré.

Si l'on considère la surface de niveau qui passe en un point, on appellera niveau vrai en ce point l'arc élémentaire de toutes les courbes tracées sur la surface de niveau dont il s'agit.

Lorsqu'on opère sur un terrain d'étendue limitée, on remplace les surfaces de niveau par leurs plans tangents, ce qui donne une série de plans parallèles perpendiculaires à la verticale ; ce sont des plans horizontaux.

On prolonge les éléments de courbe qui représentent le niveau vrai, c'est-à-dire qu'on remplace ces éléments par leurs tangentes, et les droites horizontales ainsi obtenues sont des lignes de niveau apparent. Ce sont les seules dont on se serve dans la pratique.

Le niveau apparent donne pour les altitudes des nombres trop élevés (fig. 58).

Admettons que la terre soit sphérique, et soit un observateur au point S ; il mène avec un instrument une ligne de visée horizontale sb, et il lit sur une mire une hauteur Bb, tandis qu'avec le cercle, qui représente le niveau vrai, il ne lirait qu'une hauteur Bb'. Le haussement dû au niveau apparent est donc égal à bb' ; or la géométrie élémentaire nous apprend que

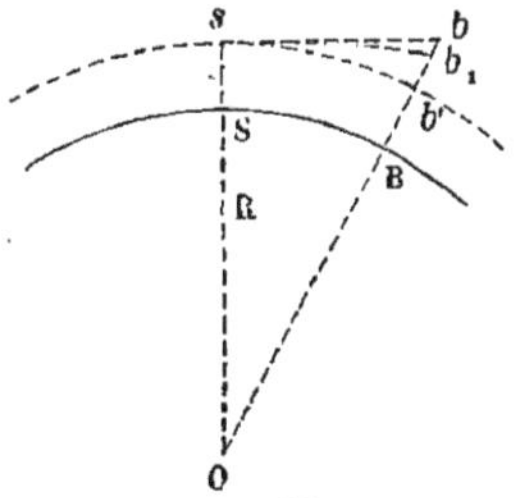

$$\overline{sb}^2 = 2Ob' \times bb',$$

Fig. 58.

ou bien, si on appelle (d) la distance de l'observateur à la mire, R le rayon moyen de la terre, on aura :

$$d^2 = 2(R+h) \times x, \quad x = \frac{d^2}{2(R+h)},$$

ou approximativement

$$x = \frac{d^2}{2R}. \qquad (1)$$

La valeur de (x) est donc très-faible, et on peut la négliger dans toutes les opérations ordinaires, il est facile de se rendre compte de la manière dont elle croît par le tableau suivant obtenu au moyen de la formule (1), dans laquelle on a pris pour 2R un nombre rond : 13 millions de mètres, et pour (d) des valeurs croissantes de 100 en 100 mètres :

La distance de l'observateur à la mire étant de.		100^m	le haussement est de	$0^m,00076$
—	—	200^m	—	$0^m,00304$
—	—	300^m	—	$0^m,00684$
—	—	400^m	—	$0^m,01216$
—	—	500^m	—	$0^m,01900$
—	—	1000^m	—	$0^m,07600$

Le haussement atteint donc près de $0^m,02$ à 500 mètres de distance : cela est insignifiant pour un nivellement de détails, mais il faudrait en tenir compte sur une grande ligne principale.

La correction précédente n'est pas toujours facile, parce qu'il y a une autre cause d'erreur : la réfraction atmosphérique, dont l'effet peut être très-sensible à une certaine distance. L'atmosphère terrestre est loin d'être homogène ; sa densité va rapidement en diminuant à mesure que l'on s'élève ; les brouillards et l'humidité agissent aussi pour modifier ses propriétés physiques, de sorte qu'un rayon lumineux, qui la traverse, passe sans cesse d'un milieu dans un autre; il subit donc une quantité de réfractions élémentaires très-faibles, mais dont l'addition finit par donner une réfraction totale très-notable. C'est ainsi qu'un observateur placé en A (*fig.* 59) verra dans la direction AE′ l'astre qu'il devrait voir dans la direction AE ; l'angle E′AE mesure la réfraction atmosphérique. Cette réfraction est nulle lorsque l'astre est au zénith, c'est-à-dire dans le prolongement de la verticale; au contraire, elle est maxima lorsque l'astre est à l'horizon. A l'horizon, la réfraction est de 33 minutes; comme c'est précisément l'angle sous-tendu par le diamètre de la lune et du soleil, il en résulte que l'on aperçoit encore ces astres tout entiers au-dessus de l'horizon, lorsqu'ils sont déjà complétement au-dessous.

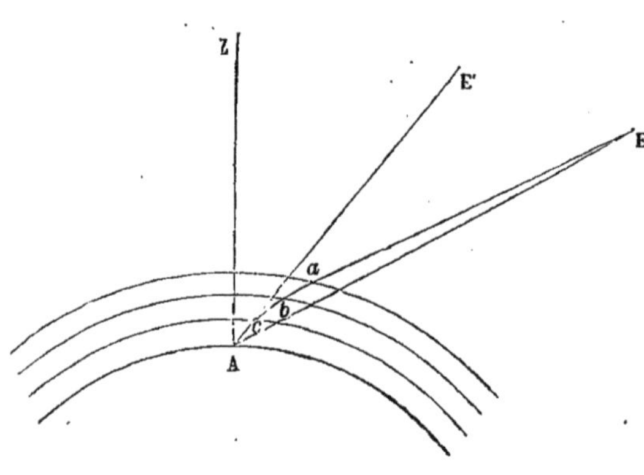

Fig. 59.

La réfraction atmosphérique a donc pour effet de relever les points que l'on vise. Ainsi (*fig.* 58), ce n'est point le point (b) de la mire qu'aperçoit l'observateur dont la ligne de visée a la direction (sb), mais c'est un point au-dessous, b_1. On voit que la réfraction produit une erreur en sens inverse du haussement que donne le niveau apparent. Les deux erreurs cumulées peuvent être réunies dans la formule

$$\frac{2}{5}\ \frac{d^2}{10,000,000},$$

qui, pour des distances un peu fortes, donne des valeurs notables.

Il est à remarquer que le rayon lumineux dévié reste toujours dans un même plan vertical, et que, par suite, les angles horizontaux ne sont point affectés de l'erreur de réfraction.

Deux classes de niveaux. — L'instrument principal dont on se sert dans le nivellement s'appelle niveau. Il a pour objet de diriger la ligne de visée suivant le niveau apparent, c'est-à-dire suivant une horizontale du lieu où l'on opère; on est forcé d'adopter le niveau apparent, ou tangente au niveau vrai, parce que celui-ci est courbe et que le rayon visuel ne peut le suivre; l'erreur est, du reste, très-faible, comme nous l'avons vu.

A la surface de la terre, le niveau vrai est désigné par la superficie de l'eau et des autres fluides dans un état d'inertie et de stagnation; et l'action de la gravité, indiquée par la ligne d'aplomb, est perpendiculaire à cette surface. Or le niveau vrai est un élément du niveau apparent; donc la ligne d'aplomb coupe perpendiculairement le niveau apparent comme le niveau vrai.

C'est sur cette propriété qu'est établie la construction des niveaux. Car il est évident que le rayon visuel sera de niveau s'il se dirige suivant la perpendiculaire à l'aplomb, en suivant la surface d'un fluide stagnant.

Il résulte de là que l'on peut construire deux sortes de niveaux, savoir : l'une par le moyen de l'eau ou d'un fluide quelconque, et dans laquelle le rayon visuel sera dirigé suivant la surface de ce fluide ou parallèlement à cette même surface; l'autre par le moyen de l'aplomb, et dans laquelle le rayon visuel se dirigera perpendiculairement à cette ligne d'aplomb ou verticale.

D'où il suit qu'il y a deux classes de niveaux : 1° ceux où l'on emploie pour directrice la surface de l'eau ou d'autres fluides stagnants, et qu'on peut appeler du nom générique de niveaux à eau; 2° ceux où la verticale sert de régulateur, et qu'on appelle niveaux à perpendicule. Chaque classe se subdivise en diverses espèces.

Deux espèces de nivellement. — On distingue deux espèces de nivellement : le nivellement simple et le nivellement composé.

Nivellement simple. — C'est l'opération qui consiste à chercher la différence de niveau qui existe entre deux points voisins. Une seule station est nécessaire, et le niveau ne change point de place. Soient les points A et B (*fig.* 60) dont il s'agit de trouver la différence d'altitude; on place le niveau en S entre ces deux points, on a donc un rayon visuel horizontal (ab); l'aide de l'opérateur place une mire verticale successivement en A et en B; on lit les hauteurs Aa, Bb, et la différence des lectures donne la différence d'altitude, c'est-à-dire Ab''.

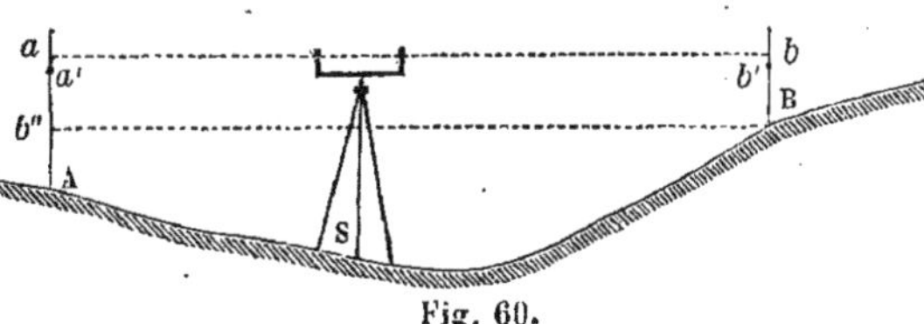

Fig. 60.

Si de plus on connaît l'altitude de A par rapport au niveau de la mer, on en déduira celle de B.

La lecture des hauteurs se fait, soit avec une mire à voyant, soit avec une mire parlante. Dans ce dernier cas, l'opérateur se sert d'un niveau à lunette, et lit lui-même les cotes. Avec une mire à voyant, l'opérateur fait signe de la main au porte-mire, afin que celui-ci abaisse ou élève le voyant jusqu'à ce que la ligne de foi se trouve dans le prolongement du rayon visuel. C'est alors que le porte-mire fait la lecture et l'inscrit sur son carnet.

Il y a grand avantage à se placer sensiblement à égale distance des deux points A et B, et cela pour deux raisons : 1° les erreurs, qui tiennent à la courbure de la terre et à la réfraction atmosphérique, affectent également l'une et l'autre observation, et ces erreurs se trouvent éliminées dans la différence;

2° on corrige aussi le défaut d'horizontalité du niveau, puisque, pour des distances égales, les hauteurs correspondant à une inclinaison donnée sont égales; les erreurs égales disparaissent donc aussi dans la différence.

Il faut donc, autant que possible, surtout lorsque la longueur AB dépasse une centaine de mètres, se placer à peu près à égale distance des deux points A et B. Sans quoi, si la différence SA — SB était considérable, il serait nécessaire de recourir aux corrections que nous avons signalées plus haut.

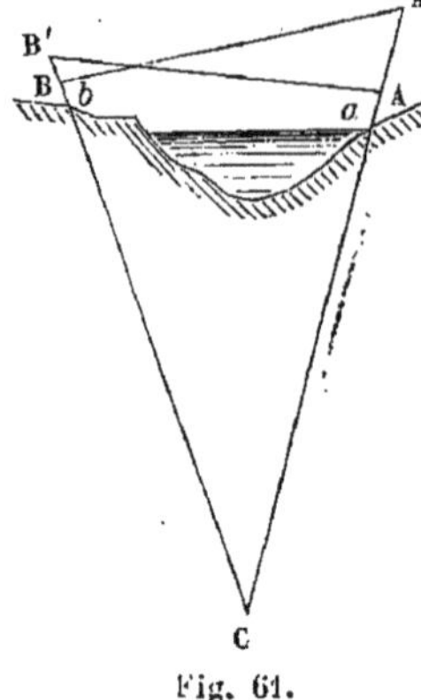

Fig. 61.

Lorsque les deux points (a) et (b) (fig. 61) sont séparés par un vallon, par un cours d'eau, par un obstacle quelconque, on peut trouver leur différence d'altitude même avec un niveau inexact, à ligne de visée non horizontale. On place le niveau en (a), et soit AB' la ligne de visée; on note les hauteurs Aa, B'b, et soit E l'erreur totale commise, la différence d'altitude sera égale à (B'b+E) — Aa; on porte alors le niveau en (b) et la mire en (a), et soit BA' la nouvelle ligne de visée, la différence d'altitude sera

$$Bb - (A'a + E).$$

En prenant la moyenne arithmétique de ces deux quantités, on aura encore la différence de niveau qui sera égale à

$$\frac{Bb + B'b}{2} - \frac{Aa + A'a}{2},$$

l'erreur a disparu; elle est égale dans les deux cas, puisque les lignes de visée AB', BA' ont même longueur.

On comprend sans peine qu'un pareil procédé est très-long et qu'on ne peut le mettre en pratique qu'exceptionnellement.

Nivellement composé. — C'est l'opération qui consiste à trouver la différence

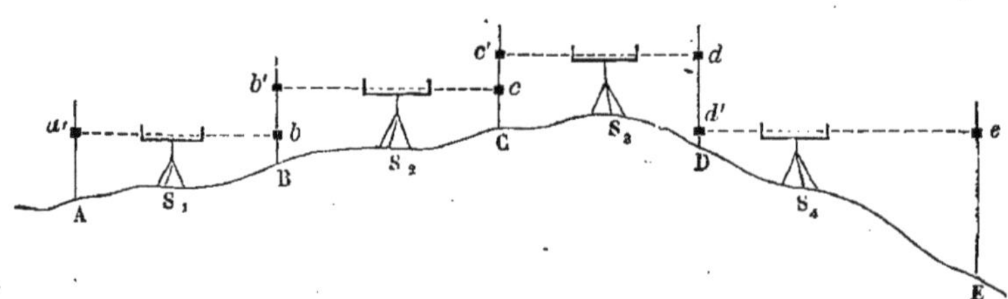

Fig. 62.

d'altitude de deux ou de plusieurs points, en ayant recours à une série de nivellements simples.

La théorie du nivellement composé peut se déduire en quelques mots de l'inspection de la figure 62.

1° Soit trois points A, B, C; plaçons le niveau en S_1, nous obtenons sur la mire les hauteurs Aa' et Bb; la différence de niveau entre A et B est donc égale à (Aa' — Bb); portons le niveau en S_2, nous obtenons sur la mire les hauteurs Bb', Cc, et la différence de niveau entre B et C est donnée par (Bb' — Cc). Imaginons l'horizontale (cb') prolongée jusqu'en α, à la rencontre de la verticale Aa', la différence de niveau entre A et C sera évidemment égale à :

$$A\alpha - Cc = (Aa' + bb') - Cc = Aa' + Bb' - Bb - Cc = (Aa' + Bb') - (Bb + Cc)$$

2° Appliquons ce qui précède à un nombre quelconque de points A, B, C, D, E..., nous trouvons que la différence de niveau entre le premier et le dernier de ces points est égale à :

$$(Aa' + Bb' + Cc' + Dd' \ldots) - (Bb + Cc + Dd + Ee \ldots$$

Supposons que l'on marche avec le niveau dans le sens ABC... ; on appellera coups avant les opérations qui donnent les cotes Bb, Cc..., et coups arrière celles qui donnent les cotes Aa', Bb'... ; ces dernières cotes s'appellent cotes arrière, et les premières sont les cotes avant.

Nous pouvons maintenant définir le théorème qui sert de base à tout nivellement composé :

« Lorsqu'on a une série de points et que l'on passe de l'un à l'autre en donnant dans chaque intervalle un coup de niveau, la différence d'altitude de deux quelconques de ces points est égale à la différence qui existe entre la somme de toutes les cotes avant et la somme de toutes les cotes arrière comprises entre ces deux points. »

Ceci posé, passons à la description des divers genres de niveaux :

1° NIVEAUX A EAU

On distingue deux niveaux à eau principaux, savoir : le niveau ordinaire ou niveau d'eau, qui est le plus ancien, et le niveau à bulle d'air; ce dernier s'emploie rarement seul, il est d'ordinaire accompagné d'une lunette.

Niveau d'eau. — Le niveau d'eau, que l'on trouve partout, se compose (fig. 63) d'un tube en métal, monté sur un trépied par l'intermédiaire d'une douille co-

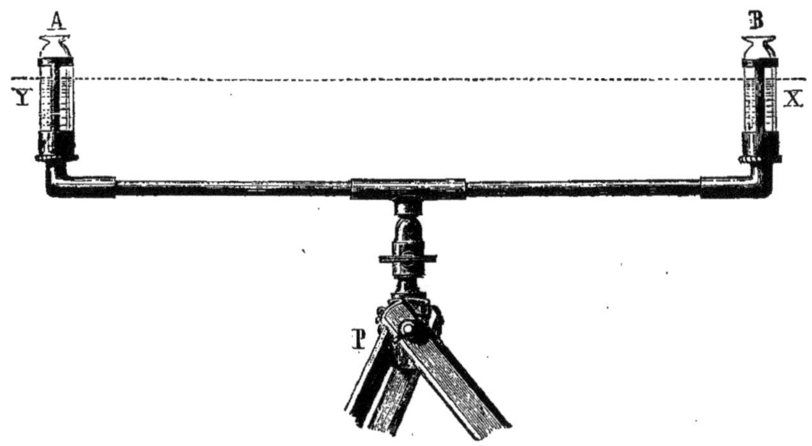

Fig. 63.

nique, ou d'une tige qui tourne dans un genou à coquille; ce tube est maintenu sensiblement horizontal ; il se recourbe normalement à ses extrémités, et se termine à chaque bout par une fiole en verre transparent.

L'appareil étant en station, on verse de l'eau dans une fiole; le tube horizontal s'emplit, ainsi que les deux bouteilles, jusqu'à la moitié ou les deux tiers de leur hauteur.

Lorsqu'on fait tourner le tube autour de la verticale, la hauteur de l'eau restera constante dans les fioles si le tube est bien horizontal; mais, généralement, il n'en est pas ainsi, puisque c'est à l'œil qu'on établit le tube. Le niveau change donc dans les fioles à chaque moment de la rotation; si les dénivellations sont trop considérables, on risque de perdre de l'eau, il faut donc manier le trépied de telle sorte, que le tube se rapproche assez de l'horizontalité pour que les hauteurs d'eau dans les fioles n'éprouvent qu'une faible variation.

Quoi qu'il en soit, d'après le principe des vases communiquants, les surfaces de l'eau en X et Y sont dans un même plan horizontal, et nous allons démontrer que ce plan horizontal reste fixe pendant la rotation.

En effet, puisque le liquide a toujours, vu la disposition du trépied, ses deux surfaces dans la hauteur des fioles, puisque d'autre part le volume de ce liquide est constant, il en résulte que la somme des volumes de liquide contenu dans les fioles est aussi constante; or ces fioles ont même section, donc la somme des hauteurs de l'eau au-dessus de leur fond est constante, et par suite la demi-somme de ces hauteurs l'est aussi. Mais cette demi-somme est précisément égale à la longueur verticale comptée sur l'axe du trépied et comprise entre le tube horizontal et le plan XY. Donc cette longueur est constante, et la hauteur du plan horizontal XY au-dessus du sol l'est aussi.

Remarquez cependant que cette démonstration suppose les fioles verticales, ce qui n'est pas absolument vrai.

L'eau mouille le verre et par la capillarité forme, à son contact, un bourrelet qui remonte le long du verre; les bords de l'eau dans les fioles ne sont donc point très-nettement accusés, lorsqu'on les regarde de près; mais en se plaçant derrière l'appareil, à une certaine distance, les bourrelets ne font plus l'effet que d'une ligne noire, qui sert à diriger la vision.

On peut mener aux deux bourrelets circulaires quatre tangentes, deux intérieures, deux extérieures, qui servent de lignes de visée.

L'eau pure ne tranche pas bien sur l'atmosphère; quelquefois, on la colore, généralement en rouge, mais il arrive que la teinture salit le verre. Mieux vaut, comme on le voit sur la figure 63, se servir d'obscurateurs, enveloppes métalliques qui entourent incomplètement les fioles et qui, à l'intérieur, sont enduites de noir de fumée. Ces enveloppes absorbent la lumière diffuse, et font sur l'eau une ombre qui rend la surface liquide plus distincte.

Voici les dimensions ordinaires d'un niveau d'eau :

Le tube horizontal (en cuivre ou en fer-blanc) a 2 ou 3 centimètres de diamètre, et 1 mètre à $1^m,50$ de longueur.

Le diamètre des verres est compris entre 3 et 5 centimètres, et leur hauteur entre 8 et 12 centimètres; ils se terminent par un goulot étroit qui s'oppose à la projection du liquide; ils sont mastiqués ou calfatés à la base, afin qu'il ne se produise pas de fuites.

Il est nécessaire d'avoir des fioles d'un diamètre intérieur aussi exact que possible, car l'inégalité des diamètres est une cause sérieuse d'erreur :

1° La hauteur des bourrelets capillaires augmente quand le diamètre diminue, et les lignes de visée sont alors inclinées sur l'horizontale.

2° La demi-somme des hauteurs de liquide dans les fioles à chaque moment de la rotation n'est plus constante, et il en est de même du plan horizontal XY qui s'élève ou s'abaisse. Soit $(D+\delta)$ et D les deux diamètres, supposons que la fiole de plus grand diamètre s'élève dans la rotation d'une quantité h, l'autre s'abaissera de la même quantité (h). La première perdra pour cette hauteur un cylindre liquide mesuré par

$$\pi h (D+\delta)^2,$$

et l'autre en gagnera un cylindre mesuré par

$$\pi h D^2;$$

restera un excédant de liquide

$$\pi h \left\{ (D+\delta)^2 - D^2 \right\}$$

qui se répartira dans les deux fioles sur une hauteur égale x, et qui, par suite, occupera un volume

$$\pi x \left\{ (D+\delta)^2 + D^2 \right\};$$

égalant ces deux expressions de la même quantité, il viendra

$$\pi h \left\{ (D+\delta)^2 - D^2 \right\} = \pi x \left\{ (D+\delta)^2 + D^2 \right\} \text{ ou } x = h \frac{2\delta D}{(D+\delta)^2 + D^2},$$

ce qu'on peut encore écrire approximativement :

$$x = h \frac{2\delta D}{2D^2} = h \frac{\delta}{D}.$$

On peut facilement roder les verres de telle sorte, que leur différence de diamètre δ soit au plus de $0^m,001$, faisons $D = 0^m,04$, et supposons l'horizontalité suffisamment établie pour que (h) ne dépasse pas $0^m,04$; avec ces données nous trouvons pour x précisément la valeur de (δ), c'est-à-dire un millimètre, erreur très-faible si on la compare à celle que donne l'incertitude des lignes de visée, notamment pour des distances supérieures à 20 ou 30 mètres.

Le niveau d'eau a été connu de l'antiquité : Héron d'Alexandrie et Vitruve le décrivent; c'est vers le milieu du dix-septième siècle qu'on lui donna à peu près la forme actuelle.

M. Blondat, ingénieur en chef des ponts et chaussées, apporta, vers 1840, au niveau d'eau ordinaire plusieurs perfectionnements qui n'ont pas passé dans la pratique, mais qui n'en présentent pas moins quelque intérêt ; il décrit d'abord un niveau à long tube :

« Ce niveau, dit-il, n'est rien autre que le niveau d'eau actuellement en usage, mais établi sur des dimensions colossales (pl. II, fig. 6, 7 et 8).

« Le niveau d'eau ordinaire consiste en effet dans un tube de $1^m,20$ de longueur, pourvu à chaque extrémité d'un tube de $0^m,15$ de hauteur, tandis que le niveau que nous avons exécuté est formé d'un tuyau de 50 mètres de longueur, et de deux tubes verticaux en verre gradués, d'une hauteur de 2 mètres.

« Le grand tube a, comme on le voit (fig. 6), $0^m,014$ de diamètre intérieur ; il est en toile doublée avec une feuille de gomme élastique, et soutenue dans sa rondeur par une spirale en fer étamé qui permettrait de le fouler aux pieds sans l'écraser. Pour le préserver de l'usure, on le revêt d'un étui ou enveloppe en grosse toile.

« Les deux tubes verticaux sont enclavés dans des règles en bois divisées en mètres, centimètres et millimètres.

« Ce niveau, tout rempli d'eau, est très-maniable, puisqu'il ne pèse, y compris tout l'attirail, que 20 kilogrammes.

« On voit que le haut des tubes verticaux est prolongé de $0^m,15$ en fer-blanc, pour former entonnoir et pour servir de réservoir dans le cas où l'ascension trop rapide de l'eau tendrait à dépasser la hauteur du tube.

« La manœuvre se fait au moyen de quatre hommes, dont deux pour porter les tubes verticaux et deux pour soutenir et empêcher le tuyau de communication de s'user en traînant à terre.

« La manière de se servir de cet instrument se devine sans explication. Le niveau s'établit instantanément dans les deux tubes verticaux et avec non moins de promptitude que dans les petits niveaux d'eau ordinaire.

« Le remplissage qu'il importe de faire sans lacune de vide ou d'air s'exécute aisément en versant l'eau dans un des tubes verticaux et en ayant soin de disposer le grand tuyau, au moment du versement, de manière à ce que son développement aille toujours en s'élevant sans présenter de coudes descendants.

« La sensibilité de cet instrument se reconnaît en approchant l'un de l'autre les deux tubes en verre. La moindre élévation de l'un se manifeste par une égale et subite ascension de l'eau dans l'autre.

« Les avantages qu'il présente sont nombreux et importants :

« 1° Les opérations, au moyen de ce niveau, ont la même exactitude que si l'on avait constamment un étang à sa disposition pour mesurer la différence de hauteur des deux points qu'il s'agit de comparer. Elles ne se ressentent pas comme dans les instruments ordinaires, de la plus ou moins grande justesse du coup d'œil de l'opérateur ou du plus ou moins parfait règlement de leur mécanisme.

« 2° Il existe entre la cote du coup d'avant et celle du coup d'arrière une relation telle que leur somme est constante, propriété précieuse, puisqu'elle sert d'avertissement, soit quand on a commis une erreur dans la lecture des cotes, soit quand le niveau est obstrué en dedans par une cause imprévue.

« Cette propriété permet, quand on est pressé, de ne prendre qu'une cote à chaque station, ou donne un moyen de contrôle lorsqu'on les prend toutes deux.

« 3° Les opérations au moyen de cet instrument peuvent être continuées la nuit tout aussi bien que le jour, en employant une lumière à l'examen des cotes, ce qui n'est pas sans mérite pour les travaux de Paris. Les brouillards, le vent, la pluie et toutes les autres intempéries ne sont plus des causes d'interruption et d'arrêt pour le zèle de l'ingénieur, pressé d'arriver à la fin d'opérations de nivellement.

« Les bois touffus ne ralentissent plus sa marche ; il peut tenter mille tracés à travers les arbres et les taillis, sans être obligé de faire de ces abattages à la hache, qui retardent les études et entraînent dans des indemnités considérables.

« 4° Cet instrument résout aussi des questions qui n'ont jamais pu l'être par les instruments basés sur la rectilignité des rayons visuels. Il est en effet le seul qui soit susceptible d'être employé aux opérations judiciaires qui ont pour objet, soit le règlement des contestations relatives à des hauteurs d'eau, soit la fixation des droits d'usine ou d'arrosage. Les différentes cotes de hauteur qui servent à conclure le nivellement, peuvent en effet être observées par témoins d'une manière précise et être consignées dans un procès-verbal signé de tous, sans qu'on soit obligé de s'en rapporter à la bonne foi et à la justesse du coup d'œil d'un seul arbitre.

« La dépense d'exécution de ce genre de niveau est moins élevée que celle des niveaux ordinaires à bulle d'air; elle consiste, savoir :

Robinets et raccords en cuivre des différentes parties du tuyau.	24 fr.
50m de longueur de tube en gomme élastique de 0m,012 de diamètre à 2 fr. 50. .	125
(Ceux employés aux essais ont coûté 4 fr., mais ils ont 0m,014 de diamètre.)	
Tubes en verre appliqués contre les règles.	12
Bénéfice d'artiste.	19
Dépense totale.	180

« La précision, l'exactitude des résultats, la célérité des manœuvres, la facilité d'opérer, en tout temps, la nuit comme le jour, malgré les intempéries, à travers les bois comme en rase campagne ou dans les galeries souterraines obscures, et le bon marché, tels sont les avantages de l'instrument que nous venons de décrire.

« Cet instrument peut être modifié en donnant au tube un diamètre de 0m,005 seulement, en le remplissant en mercure ; il a été exécuté aussi sur ce système dans les essais qui ont été faits. Il devient alors susceptible d'être manœuvré pendant les plus grands froids de l'hiver, il est beaucoup plus portatif, mais il présente un inconvénient qui est l'augmentation d'une dépense de 100 francs pour achat de mercure, qui doit lui faire préférer les niveaux à eau.

« *Description d'un niveau à long tube, à eau et à mercure.* — Nous avons obtenu un genre de niveau propre à mesurer de grandes différences de hauteur et à faire d'une seule station, et en peu de temps, des profils en travers très-compliqués, en appliquant à une extrémité de notre tuyau de 50 mètres un tube rempli de mercure, et à l'autre extrémité une boule métallique remplie d'eau. Le tube à mercure est gradué à raison de 0,074 par mètre, qui est le rapport entre les pesanteurs spécifiques de l'eau et du mercure. Ce tube, ainsi que la boule à eau, sont pourvues de soupapes qui permettent l'action de la pression atmosphérique.

« La manœuvre de cet instrument est aussi des plus faciles. L'observateur restant assis au point auquel il s'agit de rapporter le nivellement, tenant le tube à mercure entre ses mains, mesure par l'ascension et la descension du mercure les hauteurs respectives des différents points, sur lesquels il ordonne au cantonnier de poser successivement la boule fixée à l'autre extrémité du tuyau (pl. II, fig. 9).

La dépense du tube à mercure et de la boule à eau s'élève à 28 fr.

Description d'un niveau ordinaire, mais à mire fixe et à pied montant et descendant. — Les signes du geste et de la voix, si fatigants pour ceux qui opèrent avec les niveaux ordinaires à eau ou à bulle d'air, ne sont plus nécessaires quand on se sert d'un pied dont la tige peut être élevée ou baissée à volonté, au moyen d'une crémaillère et d'une roue dentée manœuvrées par l'observateur (*pl.* II, *fig.* 10).

Les mires qu'on emploie avec ce genre d'instrument consistent en un jalon peint alternativement en blanc et en noir sur une longueur de 0m,50.

Cette modification apportée aux instruments ordinaires de nivellement présente de grands avantages :

1° Diminution de fatigue pour l'opérateur, célérité et augmentation de précision dans l'intérêt de l'opération ;

2° Il n'est plus nécessaire d'employer des hommes lettrés, qui sont si rares dans certaines contrées; les cotes de hauteur se lisent en effet sur la tige graduée du niveau ou sur un cadran correspondant à la manivelle de la roue dentée. On est dispensé de l'opération arithmétique qui consiste à faire la soustraction entre deux cotes, puisque la différence de niveau se conclut du nombre de tours à faire faire à cette manivelle.

Nous indiquerons encore une autre espèce d'amélioration introduite par nous dans les niveaux d'eau ordinaires, et dont nous avons ressenti les avantages dans les opérations de longue haleine faites à travers les contrées hérissées de rochers et dépourvues d'eau, comme les montagnes de l'Auvergne.

C'est l'application d'un tube en fer-blanc (fig. 10), destiné à relier le dessus des deux tubes de verre des niveaux d'eau ordinaires, lien qui, établissant la communication de l'air entre les deux tubes, permet de fermer toute issue à l'eau et rend l'instrument plus portatif, en ce qu'il peut être placé dans toutes les positions possibles, et éprouver même un renversement complet sans perdre son liquide. Cette disposition, qui consolide l'instrument sans augmenter sa dépense, contribue aussi à l'exactitude des opérations, en ce qu'elle dispense de l'emploi des bouchons, qui peuvent parfois devenir une cause d'erreur lorsque l'on oublie de les enlever au moment même de l'opération.

Un niveau d'eau ordinaire fait sur ce système, mais au moyen d'un court tube, tel que 0m,40 de longueur seulement (fig. 11, pl. II), devient un instrument à main qui peut être employé avec avantage à des reconnaissances de terrain. Il sert à mesurer la hauteur d'un coteau, en descendant ce coteau à reculons et mesurant combien il y a de fois la hauteur constante entre la prunelle de l'œil et le talon de l'observateur. Il sert aussi, dans l'exécution des cartes altographiques, à calculer, par approximation, les hauteurs relatives des villages, des cols et des mamelons du coteau opposé d'une vallée, en mesurant de combien il faut descendre ou monter sur le coteau où l'on se trouve pour affleurer avec son niveau le dessus de ces différents points.

Nous parlerons enfin d'un autre genre d'instrument, vraie machine à nivellement, qui n'a d'application pratique que pour niveler, dans le sens de la longueur, des routes où les pentes ne varient que dans des limites peu étendues, et où un chariot peut rouler sans secousses violentes.

Il consiste dans une caisse à quatre roues dont les essieux sont distants de 2 mètres, et qui marche par une impulsion à bras d'homme. Elle contient une règle qui conserve, malgré les pentes de la route, une position horizontale, puisqu'elle est portée à ses deux extrémités par deux flotteurs placés dans les tubes d'un niveau de forme ordinaire de 2 mètres de longueur, mais rempli de mercure. Contre cette règle est fixée une feuille de papier verticale, dont un côté reste horizontal; sur cette feuille, les différentes pentes de la route sont tracées en longueur et suivant leur inclinaison, à raison de 0m,001 par mètre, par un crayon curseur. Ce crayon est mis en mouvement par la marche de l'écrou mobile auquel il est attaché, et qui est enfilé dans une tige parallèle au plan de la route, recevant sa rotation d'une roue dentée et d'une vis sans fin pratiquée sur l'essieu des roues de devant. Mais cet instrument est d'un usage trop restreint pour être livré à la pratique.

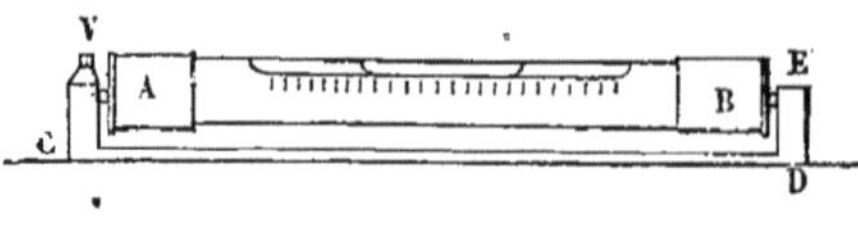

Fig. 64.

Niveau à bulle. — Le niveau à bulle se compose (fig. 64) d'un tube de verre légèrement courbe, qu'on a fermé aux deux bouts avec la lampe d'émailleur, après l'avoir rempli d'un liquide fluide ; rarement on emploie l'eau, qui se congèlerait en hiver et ferait éclater le tube ; on préfère l'alcool ou l'éther, qui sont plus fluides et dont on n'a pas à redouter la solidification.

La capacité n'est pas absolument remplie ; on a ménagé un petit espace où se loge un mélange d'air et de vapeur du liquide employé ; c'est ce mélange gazeux qui constitue la bulle.

Le tube de verre se casserait souvent si l'on n'avait soin de l'enchâsser, à ses extrémités, dans une monture en cuivre, qui ne permet d'apercevoir le tube que par une sorte de fenêtre quadrangulaire.

Le niveau à bulle est fixé sur une règle en cuivre CD ; l'extrémité A est reliée à une vis de rappel V, et l'extrémité B à une charnière E, de sorte qu'en agissant sur la vis avec une clef analogue à celle d'une pendule, on peut modifier l'inclinaison du tube.

Voyons maintenant la théorie de cet appareil :

La bulle ayant une densité bien moindre que celle du liquide, tend toujours à occuper la partie la plus élevée de la courbure du tube, et lorsque la base CD est à peu près horizontale, cette partie haute se trouve vers le milieu du tube, dans la partie laissée apparente.

Le plan tangent au tube, au point central de la bulle, est donc horizontal, puisqu'il correspond à la partie la plus élevée du tube ; il est, du reste, parallèle à la surface de séparation de la bulle et du liquide ; et si le tube est gradué, le long de l'arc de cercle, qui limite à la partie supérieure la section longitudinale principale, on peut connaître la position du centre de la bulle, et, par suite, celle du plan tangent horizontal, en prenant la moyenne des positions des deux extrémités de la bulle.

Le rayon du tube, qui passe par le centre de la bulle, est perpendiculaire à un plan tangent horizontal ; donc il est vertical.

Ceci posé, soit à chercher l'inclinaison (α) d'une règle RR' (fig. 65) ; supposons cette inclinaison assez faible pour que la bulle reste visible lorsque le niveau est posé sur la règle. Soit c le centre de la bulle, lorsque la base (mn) du niveau est horizontale ; si ce point c était connu, le rayon (co) serait vertical lorsque (mn) serait horizontal, c'est-à-dire que le rayon (co) est perpendiculaire à la base (mn), ou encore à la surface de la règle RR'. Plaçons le niveau sur cette règle, la bulle monte à la partie la plus élevée du tube, et son centre vient en (a) ; le rayon oa est donc vertical, et l'angle coa est égal à l'angle cherché (α) que mesure l'arc ca. Mais le point c ne nous est pas connu ; il faut nous en passer ; retournons le niveau de 180°, et replaçons-le sur la règle RR' en (nm), la bulle vient en (b), et le rayon $o'b$ est symétrique du rayon $o'a$ par rapport au rayon théorique oc ; l'angle $co'b$ est encore égal à (α), l'angle $ao'b$ est égal à 2α ; donc l'angle (α) cherché est mesuré par la moitié de l'arc (ab), que l'on obtient par la différence des arcs ωb et ωa (ω étant l'origine de la graduation du tube).

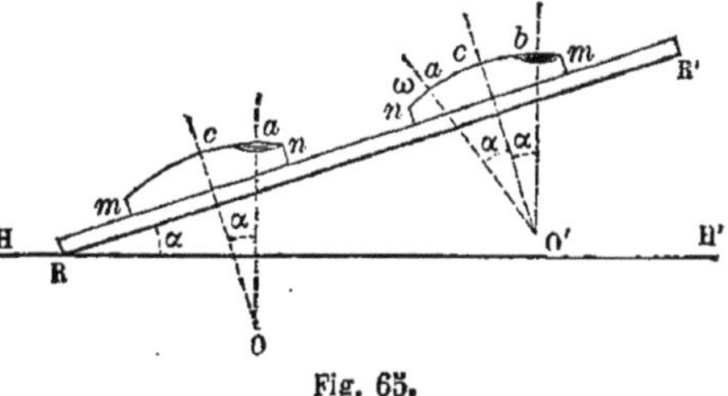

Fig. 65.

Un niveau est réglé lorsque la bulle se trouve au milieu du tube, la base CD étant horizontale (fig. 64).

De chaque côté du milieu du tube, et à égale distance, on trouve sur le verre un trait ou repère ; la distance des deux repères est égale à la longueur moyenne de la bulle ; de sorte que, le niveau étant réglé, la base CD sera horizontale lorsque la bulle sera entre ses repères.

Nous avons vu plus haut qu'on peut trouver l'inclinaison d'une règle RR′ avec un niveau non réglé ; mais il est convenable d'avoir un niveau réglé pour rendre rapidement une surface horizontale. Voici comment on procède à la rectification du niveau :

On le place sur la règle RR′, et on amène la bulle entre ses repères en agissant sur la vis de rappel ; puis on le retourne de 180°, comme nous avons fait (fig. 65) ; si la bulle reste entre ses repères, c'est que la règle RR′ est horizontale ; si elle n'y reste pas, on mesure ou on apprécie à l'œil, aussi exactement que possible, l'arc parcouru ; la moitié de cet arc mesure l'inclinaison de la règle. On modifie donc cette inclinaison de manière à ramener la bulle de la moitié de l'écart, et par là on rend la règle horizontale. On agit ensuite sur la vis de rappel pour corriger la seconde moitié de l'écart et ramener la bulle entre ses repères. On pourra alors faire tourner l'appareil de 180°, c'est-à-dire revenir à la position initiale, et la bulle restera toujours entre ses repères.

Le procédé de rectification d'un niveau à bulle s'énonce donc comme il suit :

« *Il faut observer la bulle avant et après le retournement, puis corriger la moitié de l'écart entre ses deux positions par les vis de l'instrument sur lequel est posé le niveau, et l'autre moitié par la vis de rappel du niveau.* »

On n'arrive pas du premier coup à une rectification complète ; on rend seulement l'appareil moins défectueux. C'est après plusieurs retournements que la bulle finit par rester immuable entre ses repères.

Le niveau une fois rectifié, on ne touche plus à sa vis de rappel dans les opérations subséquentes ; on se contente d'agir sur la règle RR′, ou sur les vis qui la supportent, de manière à amener la bulle entre ses repères, et alors la règle est horizontale.

Généralement, on ne se sert pas du niveau à bulle pour calculer les inclinaisons ; il n'est pas toujours gradué pour cela, et il sert surtout à rendre des axes horizontaux ou verticaux. Si l'on voulait qu'il pût donner les petites inclinaisons, il faudrait le graduer à l'avance au moyen d'appareils micrométriques ; mais nous n'avons pas à nous occuper de cela.

La sensibilité d'un niveau à bulle, c'est-à-dire l'arc (x) dont se déplace la bulle pour une inclinaison d'une seconde, est d'autant plus grande que le rayon de courbure de la section longitudinale principale est plus grand. Soit (ac) ou x (fig. 65) cet arc de déplacement correspondant à l'angle *coa* égal à une seconde, on aura

$$x = oc \times \text{arc}\,1'' = \text{R} \times \text{arc}\,1''.$$

Si on remarque que l'arc de 180° est mesuré par π dans le cercle de rayon égal à l'unité, et que cet arc correspond à 648,000 secondes, on a, pour la valeur de l'arc de 1′,

$$\frac{\pi}{648000} \text{ ou } 0{,}000\ 00485, \text{ et } x = \text{R} \times 0{,}000\ 00485.$$

Veut-on que le déplacement (x), correspondant à l'inclinaison d'une seconde, soit de $0^{m},001$, on aura

$$\text{R} = \frac{1}{0{,}00489} = 206^{m}.$$

Dans les niveaux communs, le rayon de courbure n'atteint pas toujours la valeur précédente : trop de sensibilité est, du reste, une grande gêne pour les opérations sur le terrain, parce qu'on passe trop de temps à amener la bulle entre ses repères.

La formule démontrée plus haut permet de déterminer expérimentalement le rayon de courbure d'un niveau à bulle ; on le pose sur une règle inclinée de n'' sur l'horizon, et l'on mesure le déplacement (x) de la bulle, on a alors; pour déterminer R, l'équation

$$x = R \times n.\ \mathrm{arc}\ 1''.$$

Dans ce qui précède, nous n'avons considéré que les variations de la bulle dans le sens longitudinal du tube ; il existe aussi des variations transversales, qui n'influent pas sur la position des extrémités de la bulle, pourvu que la rotation transversale ait lieu autour d'un axe parallèle au plan de la section longitudinale ; dans tous les cas, on néglige ces variations transversales, car elles n'ont qu'une influence minime ; toutefois, il est bon de les signaler.

Passons aux détails de construction du niveau à bulle :

Cet appareil fut inventé, vers 1680, par le voyageur français Thévenot; c'est l'ingénieur Chézy qui le perfectionna.

« Nous avons admis, dans tout ce qui précède, que la courbure de la surface intérieure du niveau était parfaitement régulière, au moins à sa partie supérieure, où l'on observe la bulle. On employait autrefois, et l'on emploie encore aujourd'hui, mais seulement dans la fabrication des instruments de qualité médiocre, des tubes courbés par le ramollisement du verre ou sous leur propre poids, lorsqu'ils ont été suspendus horizontalement par leurs extrémités. Une pareille courbure ne pouvait évidemment être régulière que par hasard. Pour l'obtenir d'une manière certaine, on a remplacé les tubes bruts par des tubes rodés, c'est-à-dire usés intérieurement et sur le sens longitudinal par le frottement du verre sur une tige métallique recouverte d'émeri.

« Lorsque l'artiste croit le tube assez bien rodé, il trace la graduation en donnant aux parties égales une grandeur arbitraire ; puis, après avoir rempli de liquide la plus grande partie du tube, dont il bouche provisoirement les extrémités, il le soumet à l'éprouvette, sorte de règle à laquelle on donne des inclinaisons connues en se servant de vis micrométriques. S'il trouve le niveau d'une sensibilité convenable et la courbure régulière, il ferme définitivement le tube en étirant les deux bouts à la lampe ; après quoi, le niveau doit être éprouvé une dernière fois, pour voir si cette opération ne l'a pas altéré.

« On a construit ainsi des niveaux très-réguliers, sur lesquels une seconde sexagésimale correspondait à 3 ou 4 millimètres, ce qui donnait un rayon de courbure de 400 à 600 mètres de longueur ; mais, lorsqu'on dépasse une certaine limite, la trop grande mobilité de la bulle devient à son tour un inconvénient, en empêchant de bien observer. Les niveaux sur lesquels une seconde est représentée par 1 millimètre environ, sont ceux dont l'emploi est le plus avantageux pour les appareils de précision, parce qu'ils ont une sensibilité suffisante et que la bulle atteint encore assez rapidement sa position d'équilibre.

« Les tubes doivent être disposés dans leurs montures métalliques de telle sorte que les dilatations produites sur celles-ci par les changements de température puissent s'exercer librement et sans réagir sur la courbure.

« On emploie des tubes d'un grand diamètre, et on laisse à la bulle assez de longueur pour atténuer, autant que possible, les effets de la capillarité. Les dilatations inégales du verre, du liquide et de la vapeur, produisent sur la longueur de la bulle des changements sensibles, qui sont cependant sans inconvénient, puisqu'on doit toujours observer les deux extrémités de la bulle, en supposant du moins que la courbure du tube ne varie pas. » (Laussedat, *Cours de Géodésie à l'École polytechnique.*)

Cathétomètre. Rendre un plan horizontal ou un axe vertical.— Avant d'entrer dans la description des niveaux perfectionnés, qui résultent de la combinaison d'une lunette et d'un niveau à bulle, nous décrirons un appareil usité en physique pour déterminer les distances verticales ; nous voulons parler du cathétomètre, auquel on peut recourir, dans les travaux publics, par exemple, pour déterminer les flèches que prennent, sous diverses charges, des poutres ou des arcs.

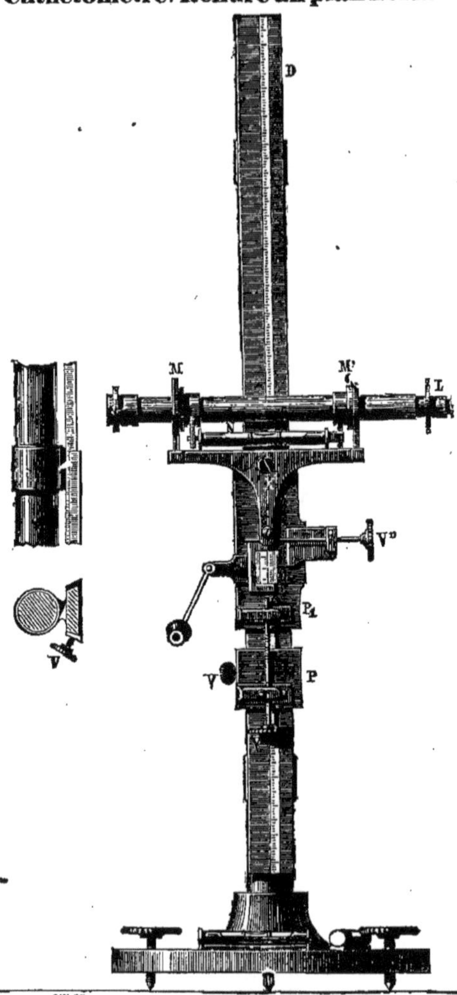

Fig. 66.

Le cathétomètre se compose (fig. 66) d'une lunette horizontale L, munie d'un réticule pour déterminer la ligne de visée, et mobile le long d'une règle verticale graduée D. On vise successivement deux points, et la quantité dont la lunette s'est déplacée le long de la règle, pour passer de l'un à l'autre, mesure la distance verticale qui sépare les deux points.

La lunette L et la règle verticale D, le long de laquelle elle glisse, sont reliées par des colliers métalliques à un arbre cylindrique vertical, autour duquel l'appareil peut tourner afin de parcourir tous les azimuts.

La lunette est portée par un chariot vertical PP_1, qui embrasse la règle D; ce chariot est formé de deux parties P, P_1, qui peuvent se rapprocher ou s'éloigner au moyen d'une vis verticale de rappel, dont on voit le bouton en V'. Supposons que l'on veuille viser un point, on desserre la vis V qui fixe le chariot à la règle verticale, et on guide ce chariot à la main jusqu'à ce que la lunette soit à peu près dans la direction voulue; on l'y amène définitivement au moyen de la vis de rappel V', que l'observateur manie de la main gauche pendant qu'il vise le point avec la lunette.

On voit en O une fenêtre, ouverte dans le chariot P_1 et à travers laquelle on aperçoit la graduation de la règle D ; sur le bord de cette fenêtre est un vernier, qui donne les longueurs à $\frac{1}{50}$ de millimètre près.

La première chose à faire est de rendre vertical l'axe cylindrique, et par suite la règle graduée ; pour cela, si l'appareil est bien construit, il suffira de rendre horizontale la face supérieure de la base, laquelle base est supportée par trois vis calantes; sur sa face supérieure, on voit deux niveaux à bulle de directions rectangulaires. Supposons ces niveaux réglés : l'un d'eux est parallèle à la ligne qui joint deux des vis calantes; on agit sur ces vis pour amener la bulle entre ses repères (si le niveau n'était pas réglé, il faudrait, après retournement, corriger la moitié de l'écart par les vis du support, et l'autre moitié par la vis du niveau lui-même) ; on a donc rendu horizontale une ligne de la face supérieure de la base de l'appareil. Le second niveau est perpendiculaire au premier; lui aussi est supposé réglé; on amène sa bulle entre les repères en agissant sur la troisième vis calante. Finalement, on a rendu horizontales deux lignes de la base; donc celle-ci est horizontale, et, si l'appareil est bien construit, la règle D est verticale.

Pourquoi choisissons-nous deux lignes perpendiculaires entre elles pour les rendre horizontales, plutôt que de prendre deux droites AB, AC faisant un angle quelconque α (fig. 67)? C'est que nous arrivons à une erreur minima. En effet, supposons que l'on rende la ligne AB bien horizontale, et que l'on commette sur l'horizontalité de AC une erreur ε, qui est en perspective l'angle CAD; par la verticale CD menons un plan perpendiculaire à AB, il coupe le plan horizontal vrai suivant la droite DB, et le plan horizontal approché suivant la droite CB, et l'erreur commise sur l'horizontalité du plan CAB est mesurée par l'angle CBD ou φ; or on a

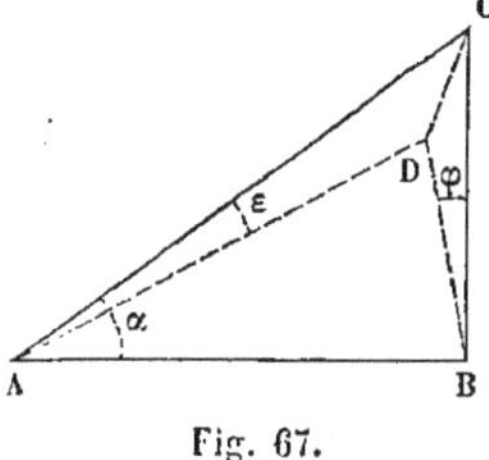

Fig. 67.

$$\operatorname{tang} \varphi = \frac{CD}{DB} = \frac{AD \operatorname{tang} \varepsilon}{AD \sin DAB},$$

ou sensiblement

$$\operatorname{tang} \varphi = \frac{AD \operatorname{tang} \varepsilon}{AD \sin \alpha} \qquad \operatorname{tang} \varphi = \frac{1}{\sin \alpha} \operatorname{tang} \varepsilon$$

L'angle ε est indépendant de l'inclinaison des lignes AB et AC; il dépend de l'habileté de l'opérateur et de la perfection de l'appareil; il en résulte que l'angle φ varie en raison inverse du sinus de l'angle α. Cet angle φ sera donc minimum, pour un même observateur et pour un même appareil, lorsque l'angle α des deux niveaux sera droit.

Toutes les fois donc qu'on voudra rendre un plan horizontal au moyen de deux niveaux fixes ou d'un seul niveau que l'on déplace, il faudra que les deux directions données aux niveaux soient rectangulaires entre elles.

Pour en finir avec le cathétomètre, il nous reste à rendre horizontal l'axe optique de la lunette. Nous y arriverons au moyen du niveau à bulle N, qui est réglé de manière que la tangente au milieu de l'arc compris entre les repères est parallèle à l'axe optique de la lunette; on amène la bulle entre ses repères au moyen de la vis de rappel V″, qui fait mouvoir autour d'un axe horizontal la pièce métallique X, supportant la lunette et son niveau ; cela fait, la lunette est horizontale, et l'on a achevé de mettre l'appareil en station.

Niveaux à lunette.— Ce genre de niveaux se compose essentiellement d'une lunette dont on rend la ligne de visée horizontale, en se servant d'un niveau dont la tangente au milieu de l'arc compris entre les repères est parallèle à l'axe optique ou ligne de visée de la lunette.

Cet appareil peut se placer dans divers azimuts en tournant autour d'un axe; si cet axe n'est pas vertical, il faut dans chaque azimut rétablir l'horizontalité du niveau et de la lunette, et la ligne de visée n'est pas toujours dans le même plan horizontal, d'où une source d'erreurs; mais, si l'axe est rendu bien vertical, ce qui a lieu pour les appareils actuellement en usage, l'horizontalité de la lunette et du niveau se maintient dans tous les azimuts, et la ligne de visée décrit un plan horizontal.

Un appareil de ce genre étant en station, on le dirige sur divers points où un aide va placer une mire verticale; on se sert des mires ordinaires ou des mires parlantes que nous avons décrites; on a de la sorte les cotes des divers points par rapport à un même plan horizontal, et on en déduit leurs altitudes relatives.

Le cathétomètre, que nous avons étudié, est un instrument plus complexe qui porte à la fois la mire et le niveau, mais qui ne saurait convenir qu'à la détermination de faibles hauteurs.

Nous allons passer rapidement en revue les divers genres de niveaux :

Niveau à bulle et à pinnules. — Le point de départ des niveaux à lunette st le niveau à bulle et à pinnules, que nous rappelons pour mémoire; c'est un niveau à bulle dont la base métallique se prolonge de chaque côté jusqu'en (*m*) et (*n*) (fig. 68); à chaque extrémité, elle se retourne rectangulairement, de manière à former deux pinnules à réticule (*p*) et (*q*); la base (*mn*) s'appuie sur une autre base métallique *m'n'* au moyen d'une charnière *n'* et d'une vis V; cette seconde base est fixée à une douille conique que l'on enfonce sur un bâton planté dans le sol aussi verticalement que possible. Le niveau étant réglé, on amène la bulle entre ses repères au moyen de la vis (V), et, si l'appareil est bien construit, la ligne de visée doit être parallèle à la tangente médiane du tube qui contient la bulle; par suite, cette ligne de visée est rendue horizontale.

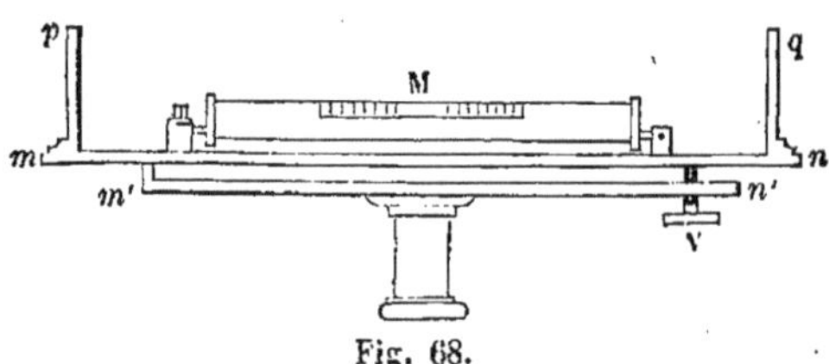

Fig. 68.

Lorsqu'on passe à un autre azimut, comme le support de la douille n'est pas absolument vertical, il faut rétablir l'horizontalité en agissant de nouveau sur la vis V, et l'on voit que l'altitude de la ligne de visée se trouve modifiée.

Cet instrument n'est plus usité aujourd'hui; il est du reste fort inexact, car, généralement, la ligne de visée n'est pas parallèle à la base du niveau. Il en résulte, même pour un angle assez faible, des erreurs qui peuvent devenir considérables à une certaine distance.

On a quelquefois monté le niveau à pinnules sur un pied à vis calantes; l'erreur due au défaut de verticalité de l'axe de rotation disparaît alors, mais on n'a toujours qu'un appareil imparfait, qui n'est guère supérieur au niveau d'eau.

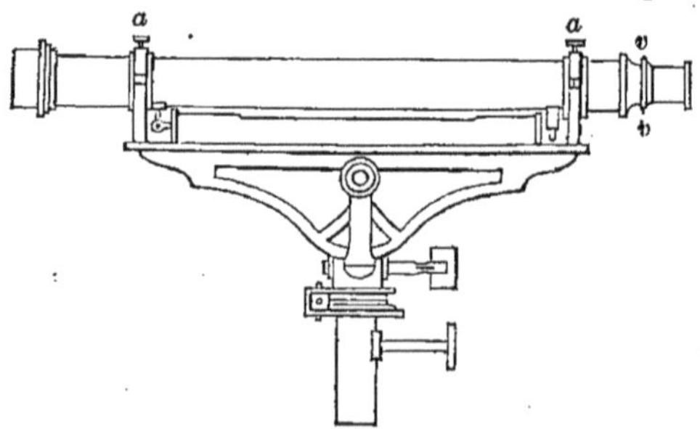

Fig. 69.

Niveau de Chézy. — Le niveau de Chézy est analogue au précédent (fig. 69). Il en diffère surtout en ce que les pinnules sont remplacées par une lunette; à la lunette est relié un niveau à bulle, et l'ensemble est supporté par un triangle métallique évidé, qui peut tourner autour d'un axe horizontal; il reçoit son mouvement d'une vis horizontale, comme nous l'avons vu pour le cathétomètre. L'appareil s'engage par une douille conique sur un bâton que l'on rend autant que possible vertical.

La ligne de visée ne reste pas toujours dans le même plan horizontal; soit i l'angle du bâton avec la verticale; l'axe optique de la lunette sera le plus élevé possible lorsqu'il se trouvera dans le plan vertical qui comprend l'axe longitudinal du bâton, et il sera le plus bas possible dans la position rectangulaire avec la précédente. Soit (d) la plus courte distance de l'axe horizontal de rotation et de l'axe optique de la lunette; l'abaissement total, lorsqu'on passera de la première position ci-dessus définie à la seconde, sera égal à $d(1-\cos i)$, ou bien $d.\ 2\sin^2\frac{i}{2}$, ou encore $d\frac{i^2}{2}$. Il est facile de trouver cette formule en se représentant les choses dans l'espace. Faisons $d=0^{m},08$, $i=\frac{1}{10}$, approximation facile à obtenir dans la pratique; on aura, pour la déviation verticale maxima de la ligne de visée, une quantité très-faible, quatre dixièmes de millimètre.

Cette erreur a donc peu d'influence; si le niveau de Chézy est construit avec beaucoup de soin, et que l'on soit bien sûr du parallélisme de la ligne de visée et de l'horizontale de la bulle, on peut exécuter avec cet appareil un nivellement rapide et assez exact.

Centrage de la lunette. — L'appareil est construit de telle sorte, que l'axe de figure de la lunette soit parallèle à l'horizontale de la bulle; mais il ne faut pas oublier que la ligne de visée est dirigée, non pas suivant l'axe de figure, mais suivant l'axe optique, qui ne coïncide pas nécessairement avec le premier.

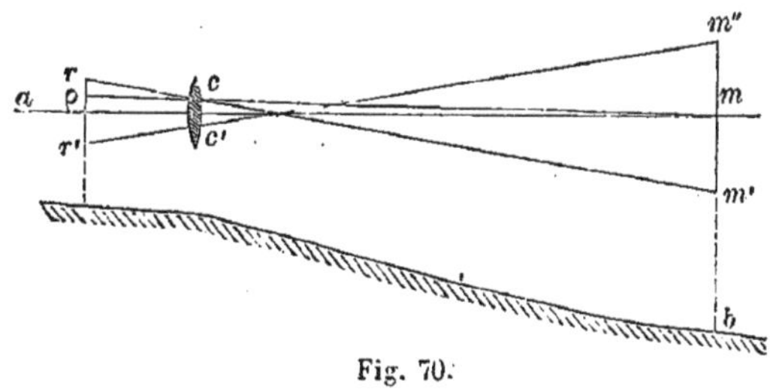

Fig. 70.

L'axe optique est déterminé par deux points : le centre optique de l'objectif et la croisée des fils du réticule.

Le centre optique de l'objectif devrait toujours se trouver sur l'axe de figure dans un appareil bien construit; cependant, les meilleurs opticiens n'y arrivent pas toujours, et, généralement, ce centre optique est en (c), en dehors de l'axe de figure (am).

La croisée des fils n'est pas non plus forcément sur l'axe de figure; elle sera, par exemple, en (r) en dehors de (am).

De sorte qu'avec un appareil disposé, comme on le voit sur la figure 70, si on regarde une mire placée en (b), on lira une cote trop faible bm', la cote vraie étant (bm).

Pour rectifier l'appareil, c'est-à-dire pour centrer la lunette, on commencera par rendre bien horizontal le fil du réticule; on monte l'appareil sur un pivot vertical, on vise un point dont l'image se fasse précisément sur le fil, et on fait tourner la lunette; le fil sera horizontal si, pendant le déplacement, l'image du point visé reste constamment sur ce fil. Lorsque la coïncidence n'a pas lieu, on l'établira en élevant ou en abaissant une des extrémités du fil au moyen de la vis de rappel à laquelle elle est fixée. [On voit sur la figure 69, trois des quatre vis de rappel (v) qui, sur l'oculaire, correspondent aux quatre extrémités des fils du réticule.]

Le fil étant horizontal, on visera la mire et on notera la cote bm'; on desserrera les taquets (a) (fig. 69), qui empêchent la lunette de tourner autour de son axe de figure, et on fera subir à la lunette une rotation de 180° autour de son axe de figure. La droite rc prendra la position $r'c'$, symétrique de la première par rapport à l'axe de figure am, et l'on lira la cote bm''. Cette dernière dépasse la cote vraie bm d'une quantité $m''m$, égale à la quantité mm' dont la cote vraie dépasse la première cote trouvée bm'; on aura donc la vraie cote en prenant la moyenne arithmétique des hauteurs bm', bm''.

Pour centrer la lunette, on fera mouvoir le fil horizontal de manière à amener la ligne de visée sur le point (m). Le point (c) ne peut se déplacer, donc le point (r) vient en ρ et la ligne $c\rho$ passe au point (m). On a corrigé, avec le fil horizontal, la moitié de l'écart observé après le retournement de 180°.

On peut maintenant faire tourner la lunette autour de son axe de figure, et son axe optique décrira autour de celui-ci un cône de révolution dont le sommet sera toujours en (m).

On voit, en somme, qu'avec un appareil, dont le centre optique de l'objectif se trouve en dehors de l'axe de figure, on ne peut obtenir le centrage que pour une distance donnée de la mire; pour toute autre distance, il faudrait recommencer le centrage.

Avec un appareil bien construit, le centrage serait fait une fois pour toutes.

Heureusement, nous venons de donner le moyen d'obvier au défaut de centrage, c'est de faire deux lectures, dans l'intervalle desquelles on imprime à la lunette une rotation de 180° autour de son axe de figure; la moyenne des deux lectures donne la cote vraie.

Rendre l'axe de figure de la lunette parallèle à l'horizontale de la bulle. — Nous expliquerons cette opération, comme nous avons fait pour la précédente, en nous servant du niveau de Chézy; on opérerait de même pour les autres niveaux.

On amène la bulle entre ses repères (fig. 69) en faisant tourner l'appareil autour de l'axe horizontal (b), au moyen de la vis (c); et l'on vise un point de la mire éloignée à une portée moyenne.

On fait tourner l'appareil de 180°, de sorte que l'objectif de la lunette est maintenant tourné vers l'observateur et l'oculaire vers la mire; on ouvre les taquets (a), on soulève la lunette, on la retourne de 180° dans un plan vertical, de manière à amener l'oculaire du côté de l'observateur, et on la remet en place. On ramène la bulle entre ses repères, et on regarde dans la lunette. Si l'image du point visé la première fois est encore à la croisée des fils, c'est que la lunette était réellement horizontale, et avait bien son axe de figure parallèle à l'horizontale de la bulle; mais, généralement, il n'en sera pas ainsi, et l'on trouvera, à la croisée des fils, un autre point de la mire. Que s'est-il passé? Dans la première observation, l'axe de figure de la lunette n'était pas parallèle à l'horizontale de la bulle, il était, par exemple, incliné d'un angle α au-dessous de l'horizontale; dans la deuxième observation, on a donné à l'axe de figure une position symétrique de la première par rapport à l'horizon, et il est maintenant incliné d'un angle α au-dessus de l'horizontale de la bulle. L'écart $m'm''$ observé sur la mire entre les deux observations correspond donc à un angle 2α, et l'on aura corrigé le défaut de parallélisme, si l'on agit sur la vis de rappel du niveau à bulle, de manière à faire tomber la ligne de visée au milieu de l'intervalle $m'm''$.

Ici encore, la méthode de rectification de l'appareil donne, en même temps, une méthode d'élimination de l'erreur : elle consiste à faire deux pointés, dans l'intervalle desquels on fait subir à la lunette une rotation de 180° dans un plan vertical, et à prendre la moyenne des deux cotes observées; il est évident que l'appareil doit lui aussi recevoir, dans l'intervalle des deux pointés, une rotation azimutale de 180°, sans quoi l'observateur, lors du second pointé, aurait devant lui l'objectif au lieu de l'oculaire.

Pour la rectification que nous venons de décrire, il est indispensable que l'axe de figure de la lunette et l'horizontale de la bulle soient dans un même plan : c'est au constructeur de ne point perdre de vue cette condition.

Influence de l'inégalité des anneaux de la lunette. — La lunette repose sur ses étriers par deux anneaux, situés l'un près de l'objectif, l'autre près de l'oculaire. Dans tout ce qui précède, on suppose que l'axe de figure de la lunette est parallèle aux génératrices par lesquelles s'établit le contact de la lunette et de ses étriers, c'est-à-dire que ces génératrices appartiennent à un cylindre de révolution, ou encore que les anneaux ont exactement le même diamètre. Si cela n'est pas, les génératrices de contact appartiennent à un cône de révolution, elles ne sont plus parallèles à l'axe de figure puisqu'elles le rencontrent, et les vérifications précédentes deviennent illusoires, puisque leur point de départ est faux.

Cette inégalité des anneaux ne peut être corrigée que par le constructeur; mais l'observateur peut la reconnaître comme il suit : soit deux points (a) et (b) dont il faut prendre la différence d'altitude. On rectifie le niveau comme nous l'avons indiqué au paragraphe précédent, on se place au milieu de l'intervalle (ab) et l'on cherche la différence de niveau des deux points donnés; puis, on vient en (a), on mesure avec un fil à plomb la distance qui sépare du sol le centre de l'oculaire, on obtient ainsi la cote de (a); celle de (b) s'obtient en visant une mire avec la lunette, et, si la distance est notable, on la corrige des erreurs dues à la réfraction atmosphérique et à la sphéricité de la terre; on obtient par soustraction la différence d'altitude, et si elle n'est pas sensiblement la même que celle qu'on a trouvée par la première observation, on en conclut que les anneaux sont de diamètres inégaux.

Cherchons l'influence numérique de cette inégalité : appelons (r) et $(r+dr)$ les deux rayons, l'inclinaison de la génératrice de contact sur l'axe de figure, et par suite l'inclinaison de celui-ci sur l'horizon sera $\frac{dr}{l}$, l étant la distance qui sépare les milieux des deux anneaux, et pour une distance (d) de la mire à l'appareil, il en résultera une erreur sur la cote égale à

$$\frac{dr}{l} \times d.$$

Supposons

$$d = 100^{m} \qquad l = 0^{m},20 \text{ et } dr = 0^{m},0001,$$

l'erreur sera de $0^{m},05$, ce qu'on ne saurait admettre. La différence des rayons est-elle seulement d'$\frac{1}{100}$ de millimètre, l'erreur sur la cote sera encore de $0^{m},005$ à la distance de 100 mètres, et ce n'est pas là une quantité négligeable.

Il est donc de toute nécessité que les artistes apportent un soin minutieux à réaliser l'égalité des anneaux de la lunette.

Méthode des compensations. — A moins de posséder un instrument parfait, le centrage de la lunette doit être répété à chaque observation nouvelle; en outre, lorsqu'on a établi le parallélisme de l'horizontale de la bulle et de l'axe de figure de la lunette, le serrage des vis ne se maintient pas toujours, il se produit à la longue un peu de jeu, et il serait nécessaire de procéder à une nouvelle rectification.

Mais nous avons vu que la rectification de l'appareil n'était pas nécessaire, et que le niveau portait en lui-même le moyen de corriger les erreurs en prenant la moyenne des observations avant et après un double retournement de 180°. La première rotation imprimée à la lunette a lieu autour de son axe de figure, et la seconde a lieu dans un plan vertical comprenant ledit axe.

C'est en partant de ce principe que M. Égault, ingénieur en chef des ponts et chaussées, inventa la méthode des compensations, qui permet d'obtenir des cotes exactes avec un instrument non rectifié.

Niveau d'Égault. — Le niveau d'Égault se compose d'une lunette A (fig. 71) dont les anneaux de même diamètre reposent sur deux étriers B, implantés normalement dans une traverse D, laquelle est supportée par un pivot relié à un plateau E; le plateau E est relié au plateau F et, par suite, à la douille G, au moyen de deux lames de ressort (r) qui se croisent et dans le prolongement desquelles se trouvent deux vis de rappel.

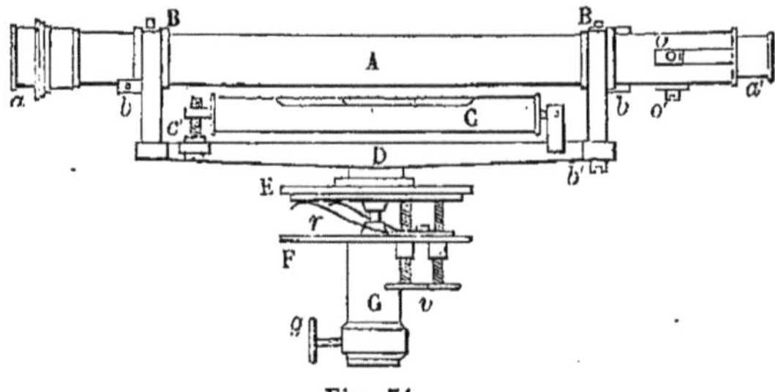

Fig. 71.

La douille étant enfoncée dans son support à peu près vertical, on agit sur les vis pour modifier l'inclinaison du plateau E et pour le rendre horizontal. L'appareil est construit de telle sorte, que, le plateau E étant horizontal, la traverse D l'est aussi, ainsi que la lunette. La traverse D porte latéralement deux appendices horizontaux sur lesquels est fixé le niveau à bulle G, dont l'horizontale est parallèle à l'axe de figure de la lunette.

Pour mettre l'appareil en station et pour le rectifier, voici comme on opère:

Il faut d'abord rendre le plateau E horizontal et, par suite, son pivot vertical: pour cela on amène la traverse D au-dessus de la première vis calante, et on agit sur cette vis pour amener la bulle entre ses repères, on retourne la traverse et par suite la bulle de 180°; si la bulle est réglée, elle restera entre ses repères; si elle n'y reste pas, on corrigera la moitié de l'écart en agissant sur la vis (c') de la bulle, et l'autre moitié en agissant sur la vis calante. On place ensuite la traverse D à l'aplomb de la seconde vis calante, et on tourne cette vis de manière à amener la bulle entre ses repères. Ceci fait, on a rendu horizontales deux droites du plateau E, et par suite ce plateau tout entier l'est devenu.

L'axe de figure de la lunette doit être maintenant horizontal, si l'appareil est bien construit. Rendons horizontal un des fils du réticule, ainsi que nous l'avons dit plus haut; lorsque ce fil est horizontal, la lunette est arrêtée dans son mouvement de rotation autour de son axe de figure par deux taquets à vis (b) fixés aux étriers, et contre lesquels viennent buter des saillies que porte la lunette. D'autres taquets sont fixés symétriquement aux premiers par rapport à l'axe de figure, de manière à arrêter la lunette dans sa rotation, lorsqu'elle aura décrit un angle de 180°. Après cette rotation, le même fil du réticule est encore horizontal.

Passons au centrage; il est facile, grâce à la disposition précédente; on vise la mire avec le fil horizontal du réticule, on a une cote (m'); on fait tourner la lunette de 180° autour de son axe de figure, et l'on a une seconde cote m''. On agit sur le fil du réticule de manière à ce que la ligne de visée tombe sur la cote (m) qui est la moyenne de m' et m''.

Reste à obtenir le parallélisme de l'horizontale de la bulle et de l'axe de figure de la lunette; comme la bulle est indépendante de la lunette, et que le pivot de rotation est vertical, cela revient à rendre l'axe de figure perpendiculaire à la verticale du pivot. On vise la mire et l'on obtient une cote m'; on enlève la lunette de ses étriers, et on lui imprime une rotation de 180° dans le plan vertical qui contient son axe, on fait tourner le pivot de 180°, on vise de nouveau et l'on obtient une seconde cote m''. On agit sur la vis (b') qui supporte l'étrier B, de manière que la ligne de visée tombe sur la cote (m), moyenne arithmétique de m' et m''.

L'appareil est définitivement rectifié; mais bientôt il se dérangera par le jeu et il faudra procéder à de nouvelles rectifications; la méthode d'Egault a pour

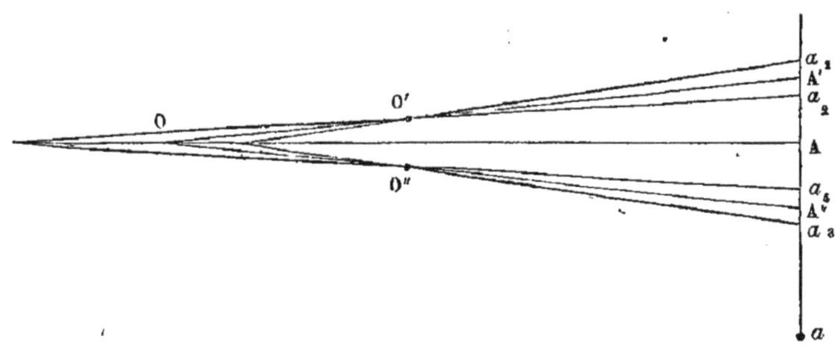

Fig. 72.

but de parer au défaut de centrage de la lunette et au défaut de parallélisme de l'horizontale de la bulle et de l'axe de figure de la lunette. Nous en connaissons le principe; la figure 72 permet d'en saisir l'application :

L'appareil étant en station, soit O'A' son axe de figure; le fil du réticule étant horizontal, l'axe optique qui ne coïncide pas avec l'axe de figure prend la direction $O'a_1$ et on lit la cote a_1. On retourne la lunette de 180° autour de son axe de figure, et on lit la cote a_2; le point A' est au milieu de a_1a_2.

On dégage alors la lunette de ses étriers et on lui fait subir une rotation de 180° dans le plan vertical de son axe; pour ramener l'oculaire à l'observateur, l'appareil tout entier doit être soumis à une rotation azimutale de 180°. L'axe de figure prend alors la direction O''A'' symétrique de O'A' par rapport à l'horizontale OA; les deux positions symétriques de l'axe optique donnent les nouvelles cotes a_3a_4, et le point A'' partage en deux parties égales la longueur a_3a_4.

De tout cela résulte que la cote vraie A est donnée par une des trois formules suivantes :

$$A = \frac{a_1 + a_2 + a_3 + a_4}{4} = \frac{a_1 + a_3}{2} = \frac{a_2 + a_4}{2}$$

Et l'on peut obtenir la cote vraie en prenant soit la moyenne arithmétique de quatre lectures, soit la moyenne de deux lectures seulement. Dans le premier cas, on a une vérification possible, en ce sens que la somme des lectures intermédiaires est égale à la somme des lectures extrêmes. Dans le second cas, on va beaucoup plus vite : on lit la première cote a_1, puis on enlève la lunette de ses étriers, on la fait tourner de 180° dans son plan vertical, on la remet en place, sans l'avoir fait tourner autour de son axe de figure, on ramène l'oculaire à l'observateur en imprimant à l'appareil une rotation de 180° autour de son pivot vertical; puis, on tourne la lunette de 180° autour de son axe de figure, c'est-à-dire qu'on la fait buter contre le second taquet au lieu de la faire buter contre le premier; on lit une nouvelle cote a_3, et la moyenne de a_1 et a_3 donne la cote vraie.

Pour éviter de faire cette moyenne, on peut se servir d'une mire spéciale dans laquelle les numéros de la graduation représentent la moitié des longueurs réelles.

Niveaux d'Égault perfectionnés. — La figure 1, planche III représente le niveau d'Égault monté sur un support vertical avec calage à trois vis; ce genre de calage est beaucoup plus commode et plus solide que le précédent. Pour rendre le pivot vertical, on place le niveau à bulle parallèlement à la ligne qui joint les deux vis calantes et on amène la bulle entre ses repères (en admettant que la bulle soit réglée); puis, on fait décrire à la bulle un angle de 90° et en agissant sur la troisième vis, on amène de nouveau la bulle entre ses repères. On a, de la sorte, rendu horizontales deux lignes de la base du pivot; cette base est donc horizontale, et le pivot qui, par construction, lui est perpendiculaire, se trouve vertical.

Le calage à trois vis n'est pas susceptible de se déranger; c'est donc le plus usité, ainsi que nous l'avons dit.

On recontre quelquefois le calage à quatre vis, qui n'a pas de raison d'être et qui tend à disparaître; il cause toujours quelque lenteur, car il faut amener les pointes des quatre vis dans un même plan, tandis que les pointes de trois vis sont toujours dans un même plan.

Dans certains instruments, on voit aussi le calage à deux vis et deux charnières : le pivot repose sur un premier plateau que supporte une charnière d'un côté et une vis de l'autre; cette charnière et cette vis se rattachent à un second plateau, mobile aussi au moyen d'une charnière et d'une vis, ce second système faisant avec le premier un angle de 90°. On a donc deux directions rectangulaires que l'on peut rendre horizontales, afin que le pivot soit vertical.

Le meilleur modèle perfectionné du niveau d'Égault est le modèle de Brünner, ou le modèle de Gravet, à bulle indépendante, qui est tout à fait analogue à celui de Brünner.

La figure 2, planche III, représente le niveau à bulle indépendante construit par Gravet; la lunette, au lieu d'être supportée par une traverse simple dont un des étriers peut s'élever ou s'abaisser au moyen d'une vis, est posée sur des étriers qui sont invariablement fixés à une première traverse. Cette première traverse repose sur une seconde, et elles sont réunies, à un bout par une vis, à l'autre bout par une charnière. La ligne des étriers est donc invariable, et leur contact avec la lunette peut s'établir sur toute la largeur des anneaux, ce qu'on ne pouvait faire avec le premier système d'Égault, puisque l'un des étriers était mobile; il en résulte une diminution d'usure et une augmentation de stabilité. La bulle est indépendante, elle est placée à l'aplomb de la lunette et repose sur les anneaux de celle-ci au moyen de deux fourches métalliques; elle est fixée à une tige à charnière, et on peut la soulever ou la retourner à volonté sans toucher à la lunette.

Cette disposition permet de vérifier l'égalité des anneaux en procédant comme il suit : l'appareil étant en station, on vise un point, puis on soulève la bulle, on fait subir à tout l'appareil qui supporte la lunette une rotation azimutale de 180°, l'objectif est alors tourné vers l'observateur et il faut retourner la lunette de 180° dans le plan vertical qui contient son axe ; on laisse redescendre la bulle qui vient s'appuyer sur les anneaux, mais si ceux-ci sont inégaux, comme ils ont pris une position symétrique de la première, la bulle se déplacera, et le déplacement mesurera le double de l'angle que fait avec l'horizon la génératrice suivant laquelle les anneaux touchent les étriers. Le constructeur pourra donc corriger son appareil.

On rend le pivot vertical, et on centre la lunette comme nous l'avons indiqué.

Néanmoins, on a toujours recours à la méthode des compensations : on amène la bulle entre ses repères au moyen des vis calantes, et on prend une première cote (a). Puis, on fait tourner la lunette de 180° autour de son axe de figure, ce qui est facilité par le système des taquets, et en même temps on soulève la bulle, on la retourne de 180° et on la pose de nouveau sur les anneaux de la lunette; on la ramène entre ses repères et on prend une seconde cote (a'). La cote vraie est la moyenne $\frac{a+a'}{2}$.

On voit que l'on remplace le retournement bout pour bout de la lunette par le retournement de la bulle, ce qui revient au même, puisque l'horizontale de la bulle est parallèle à l'axe de rotation de la lunette. Cette méthode est beaucoup plus expéditive et donne lieu à moins de dérangements.

Pour éviter qu'on ne se trompe dans le double retournement, M. Gravet a eu l'ingénieuse idée de graver sur la lunette, à 180° l'un de l'autre, les chiffres 1 et 2, que l'on voit près de l'anneau voisin de l'oculaire; sur les étriers par lesquels la bulle s'appuie sur les anneaux, il a marqué à droite de l'un le chiffre 1 et à gauche de l'autre le chiffre 2. Il faut que l'on trouve toujours les mêmes chiffres, l'un à côté de l'autre, sur chaque face de l'appareil (fig. 2, pl. III).

Niveau cercle de Lenoir. — Pour terminer la série des niveaux à bulle, nous citerons le niveau cercle de Lenoir, qui est aussi un excellent instrument représenté par la figure 3, planche III.

M. Lenoir eut l'idée de fixer la lunette à deux prismes carrés (a, a), qu'il place sur une surface annulaire (bb), que l'on peut rendre horizontale ; il suffit pour cela de rendre vertical le pied (c) au moyen des trois vis calantes qui le soutiennent.

Au milieu de la lunette est un double pivot, dirigé suivant un diamètre vertical de cette lunette; un bout du pivot s'implante dans une crapaudine située au centre de la cuvette que supporte le pied vertical; sur l'autre pointe du pivot on place un niveau à bulle, qui est mobile et qui peut s'appuyer aussi bien sur la lunette que sur l'anneau qui forme le bord de la cuvette.

Il s'agit d'abord de rendre horizontal cet anneau ou limbe, ce qui se fait en appliquant la bulle sur la surface plane du limbe et en l'amenant entre ses repères dans deux directions rectangulaires, dont l'une est parallèle à la ligne de deux vis calantes.

Après avoir rendu horizontal un fil du réticule, en opérant comme nous l'avons indiqué, on vérifie si les deux prismes rectangulaires (a) ont bien exactement même hauteur. Pour cela, on pose la lunette sur le limbe horizontal, puis le niveau par-dessus, et on amène la bulle entre ses repères : on soulève le niveau à bulle, on retourne la lunette de 180° dans un plan vertical, et on la replace dans le même azimut, on la recouvre du niveau à bulle, et les deux prismes sont égaux lorsque la bulle reste entre ses repères; si elle n'y reste pas, on use la base de l'un des prismes, de manière à corriger la moitié de l'écart

Le centrage se fait sans difficulté en lisant deux cotes et en faisant subir à la lunette une rotation de 180° autour de son axe de figure, dans l'intervalle des deux lectures. On agit sur les vis du fil horizontal du réticule, de manière à corriger la moitié de l'écart.

On a encore recours à la méthode des compensations, en faisant quatre lectures, ou deux seulement. On prend une première cote (a) ; puis on tourne la lunette de 180° autour de son axe de figure, on retourne aussi le niveau à bulle autour du pivot vertical, on obtient une seconde cote a', et la cote vraie est donnée par la moyenne $\frac{a+a'}{2}$.

Le niveau cercle de Lenoir offre quelque inconvénient pour le transport; il se démonte en trois morceaux.

Limite de la portée des niveaux d'Égault. — Nous supposons qu'on ait un appareil bien construit; soit ε l'erreur d'appréciation que l'on peut commettre sur la position de l'horizontale de la bulle. Il s'ensuit qu'au lieu de viser suivant l'horizontale (ab), on vise suivant la ligne inclinée $(a'b')$ (fig. 73) ; (c) étant le centre de la courbure principale de la bulle, l'arc $bb'=\varepsilon$, la longueur (oa) est la distance (d) de la mire, et $aa'=e$ est l'erreur commise sur la cote. Les deux triangles bcb', aoa' sont semblables et l'on a :

$$e=\varepsilon.\frac{d}{r}$$

Supposons ε égal à un demi-millimètre, r égal à 20 mètres, ce qui suppose un niveau perfectionné ; on aura, à 100 mètres de distance, une erreur de deux millimètres et demi, ce qui n'est pas admissible. Il est vrai qu'on peut, avec beaucoup de soin, réduire ε à deux ou trois dixièmes de millimètre, et alors l'erreur à 100 mètres sera de un millimètre ou un millimètre et demi.

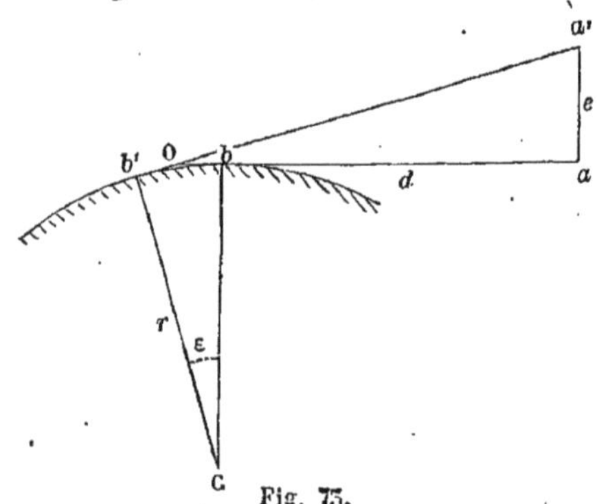

Fig. 73.

Dans les niveaux ordinaires, de sensibilité commune, (r) se rapproche bien plus de 10 mètres que de 20 mètres; l'erreur pourra donc être bien souvent le double des chiffres précédents.

Pour un niveau ordinaire, 100 mètres est donc la limite extrême de la portée d'un coup de niveau ; mieux vaut se tenir à 50 mètres ou 60 mètres.

2° NIVEAUX A PERPENDICULE

Le plus simple et le plus ancien des niveaux à perpendicule est celui qui tout le monde connaît sous le nom de niveau de maçon.

Niveau de maçon. — Le niveau de maçon se compose d'un fil à plomb suspendu suivant l'axe d'un cadre en bois, à section triangulaire ou rectangulaire (fig. 74 et 75). L'appareil est construit de telle sorte que, lorsque les deux bas des supports sont dans un même plan horizontal, le fil à plomb vient battre contre un trait marqué vers le milieu de la traverse inférieure.

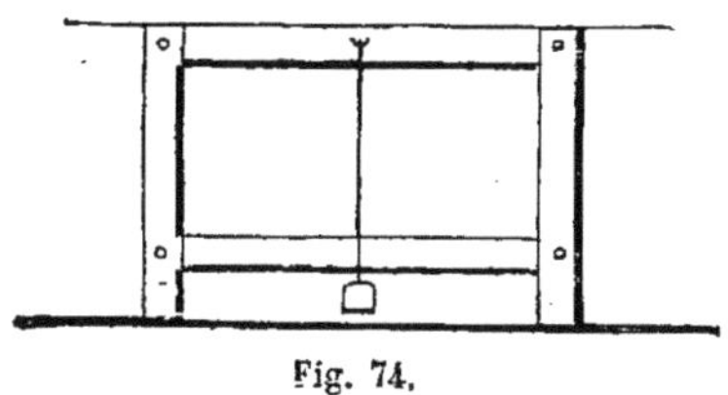
Fig. 74.

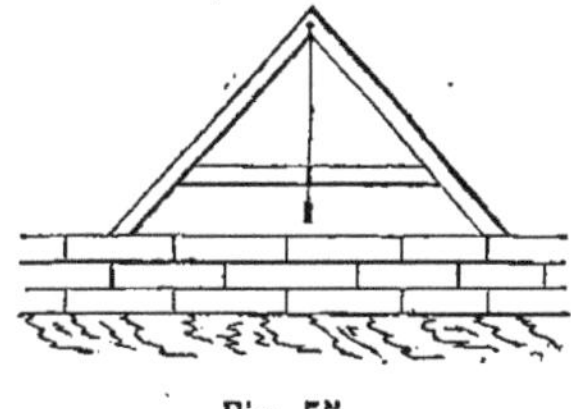
Fig. 75.

Inversement, pour rendre un plan horizontal, on déplacera l'une des bases du niveau jusqu'à ce que le fil vienne battre le long de la ligne de foi.

Voici comment on peut régler cet appareil : on prend une règle (ab) (fig. 76), sur laquelle on place le niveau en (Soo') ; le fil à plomb se dirige suivant la verticale sV, et coupe la traverse graduée oo' en un point m. On retourne le niveau de 180°, et on le place encore sur la règle en $S'oo'$, le fil à plomb prend la direction $S'V_1$, qui coupe la traverse graduée en un point m', et cette direction est évidemment symétrique de SV, par rapport à la ligne de foi Sz de l'appareil. On obtiendra donc la direction de cette ligne de foi en prenant le milieu de l'intervalle (mm').

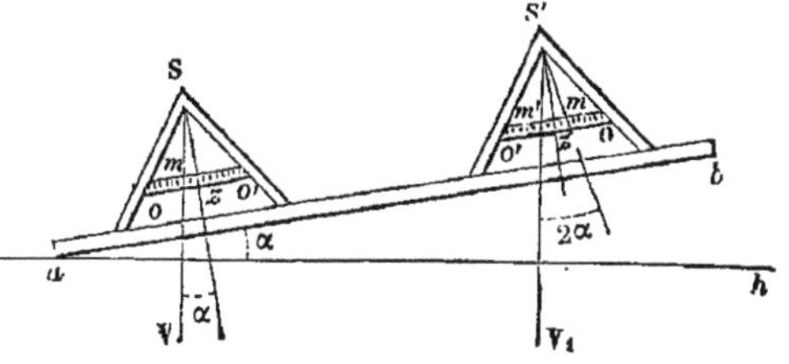

Fig. 76.

Si l'on veut faire servir l'appareil à la mesure des inclinaisons telles que α, on inscrira sur la traverse oo' une graduation, partant du point z et indiquant, soit les angles dont les tangentes trigonométriques sont $\frac{zm'}{zs}$, soit la valeur même de ces tangentes, valeur qui mesure l'inclinaison.

Niveau à réflecteur.— On a inventé un certain nombre de niveaux à perpendicule. Le plus intéressant est peut-être le niveau à réflecteur, remis à la mode vers 1830 par le colonel Burel.

Imaginez une lame de miroir à faces bien parallèles ; elle forme un rectangle dont le côté supérieur est rattaché par une charnière métallique à une petite poignée; le côté inférieur est chargé d'un contre-poids relativement assez lourd ; le miroir forme donc un système de pendule, et la ligne qui joint la charnière au centre de gravité du système suspendu doit se mettre verticale par le simple effet de la pesanteur; l'appareil est construit de telle sorte que cette ligne du centre de gravité soit parallèle aux faces du miroir.

D'autre part, on sait que la droite qui joint un point à son image est normale à la surface du miroir; lors donc qu'on se regarde dans un miroir, le rayon visuel qui joint l'œil et son image sera horizontal, lorsque le miroir sera vertical.

Par suite de la construction du niveau à réflecteur, son miroir se place verticalement; donc, si un observateur se place de manière à viser le bord du miroir, et à apercevoir dans la même direction l'image de son œil et un point éloigné, l'œil, son image, ainsi que le point visé, sont sur une même horizontale. Remplacez le point visé par le centre du voyant d'une mire, et vous obtiendrez la cote du point sur lequel cette mire est placée.

Il est nécessaire, avons-nous dit, que la ligne qui va de la charnière au centre de gravité du pendule soit parallèle aux faces du miroir, afin que celles-ci soient verticales; il n'en est pas toujours ainsi et l'on peut disposer l'appareil de manière à le rectifier à volonté : chaque face du miroir est étamée sur une moitié de sa largeur, l'une à droite, l'autre à gauche; on vise un point au moyen d'une des faces, puis on retourne l'appareil et on vise avec l'autre face; si le miroir est bien vertical, on retrouve dans la direction de l'œil le point visé la première fois, sinon il y a sur la mire un certain écart qui correspond au double de l'angle que fait le miroir avec la verticale. On corrige la moitié de cet écart en agissant sur une vis de rappel, qui modifie la position du contre-poids et, par suite, celle du centre de gravité.

Pour arriver à quelque exactitude, il faut que l'observateur se tienne autant que possible dans la même posture, afin que son œil et, par suite, la ligne de visée, se trouvent toujours à la même hauteur au-dessus du sol de la station.

On comprend qu'un pareil niveau, commode pour une reconnaissance sommaire, ne saurait convenir pour des opérations exactes. Il est du reste facile à construire en suspendant un morceau de miroir à une poignée quelconque, et maintenant le miroir dans la verticale au moyen d'un morceau de plomb qu'on applique à sa base. On rectifie l'appareil en modifiant la forme du contre-poids en plomb.

Niveau de précision à perpendicule. — On a construit, notamment au dix-septième siècle, de grands niveaux à perpendicule, susceptibles de fournir des résultats exacts, mais qui étaient trop encombrants pour pouvoir être conservés dans la pratique.

Dans une grande caisse de $1^m,50$, imaginez un lourd pendule oscillant autour d'un axe horizontal, et portant, normalement à sa direction, une lunette de précision; la caisse est placée sur un chevalet, le pendule est amené en coïncidence avec sa ligne de foi (une fenêtre permet d'en apercevoir les oscillations); la lunette fournit une ligne de visée horizontale.

Là, encore, on peut vérifier et, au besoin, rectifier l'appareil par la méthode du retournement, basée sur les principes élémentaires de la symétrie que nous avons appliqués plus d'une fois déjà.

On a donné, dans ces derniers temps, plusieurs modèles plus ou moins commodes de niveaux à perpendicule.

Niveau Mayer. — Le niveau de pente portatif de M. Mayer, géomètre en chef à Carlsruhe, est simple et peut rendre d'utiles services.

M. Stœcklin, ingénieur des ponts et chaussées, dit s'en être servi pour l'étude d'un avant-projet de chemin de fer dans les vallées abruptes des Vosges, et en avoir obtenu de bons résultats pour toutes les reconnaissances préparatoires :

« Le niveau de pente portatif, dit M. Stœcklin, est représenté (fig. 12, pl. II) en demi-grandeur, et dans la position où il se trouve au moment de l'emploi.

« Il se compose d'un cylindre creux *aa*, aux extrémités duquel entrent à frottement deux tubes *bb* de $0^m,025$ de longueur qui portent, vers l'intérieur, chacun un objectif de même force; un taquet *y*, mobile dans une coulisse, empêche le dérangement de ces tubes. Au milieu de la longueur du cylindre *aa* se trouve un diaphragme ou réticule portant deux fils à angle droit. Ce diaphragme peut glisser dans le sens de la longueur du tube et, au besoin, être enlevé complètement. La lunette ne grossit pas les objets, mais elle les rapproche beaucoup ; l'on peut s'en servir aussi bien d'un côté que de l'autre.

« Le tube *aa* est renfermé dans un manchon *cc* ayant à l'intérieur une forme conique. D'un côté, il embrasse exactement le tube et s'y fixe solidement par la vis de pression *d;* de l'autre côté, sont trois vis de rappel *eee*, au moyen desquelles on peut faire subir au tube *aa* de légères déviations.

« Au manchon se trouve fixé invariablement, au moyen d'un taquet, le cercle intérieur *g*. L'axe de ce cercle reçoit aussi le cercle extérieur *f*, qui conserve son mouvement indépendant et se termine par une vis en acier, dont l'écrou permet de serrer l'un contre l'autre les deux disques et d'empêcher ainsi, au besoin, toute déviation dans leur position relative. Le cercle extérieur *f* porte à sa partie supérieure un appendice en cuivre *mno*, composé d'une double charnière *m* et *n* et d'une boule *o* dont la mobilité sur l'appareil de suspension assure à l'instrument une position bien verticale. Dans le bas, ce même cercle reçoit, au moyen de vis, l'addition d'un poids *s* qui remplit les fonctions de régulateur ou fil à plomb.

« L'appareil de suspension *u* se compose, d'une part d'une fourchette dans laquelle se place la boule *o*, et qui est fermée par une cheville *v;* et d'autre part d'une double vis, l'une pour le bois, l'autre pour un écrou en métal. Cet appareil de suspension peut, en effet, être appliqué soit à un arbre ou à une perche quelconque, soit à une canne spéciale dont nous donnerons la description plus loin.

« Par un soin minutieux, l'instrument porte avec lui tous les outils nécessaires pour son démontage. Ainsi, la tige intermédiaire *q* a son extrémité vers *p* taillée en tournevis, qui s'adapte à la plupart des vis du niveau ; elle se trouve aussi percée d'un trou en *r*, dans lequel on introduit la cheville *ts*, au cas où les vis auraient été trop fortement serrées. Cette même cheville peut également servir pour ouvrir les vis de rappel *e ;* enfin son extrémité *t* a été terminée en anneau, pour pouvoir y suspendre un poids supplémentaire s'il devenait nécessaire de donner à l'instrument une plus grande fixité et plus d'aplomb contre l'action du vent.

« Les cercles *f* et *g* sont argentés, pour rendre plus facile la lecture des divisions. Le disque *f* a son cadran inférieur partagé en cent divisions correspondant aux grades en usage dans le pays de Bade. Les trois cadrans supérieurs sont partagés de manière à pouvoir, avec l'aide des divisions du petit cercle, donner les pentes jusqu'à une inclinaison de 20 p. 100. Les divisions sont calculées de telle façon, que deux nombres pareils qui se correspondent indiquent l'inclinaison que fait l'axe de la lunette, ou le rayon visuel, avec la ligne verticale passant par le centre des cercles. Ainsi, si 2 se trouve sur 2, l'inclinaison sera de 2 p. 100 ; 15 ½ sur 15 ½ indique que la pente est de 15 ½ p. 100. Le *o* du petit cercle marque en même temps les grades sur l'échelle inférieure du cercle *f*.

« Voici maintenant de quelle manière on fait usage du niveau. L'opérateur doit, en premier lieu, déterminer, une fois pour toutes, et marquer par un signe la position que doivent occuper les tubes *bb;* les deux doivent toujours être rentrés de la même quantité, mais plus ou moins suivant la vue de l'observateur; une raie tracée sur chacun indique la position qui convient à une vue ordinaire ; le myope devra allonger un peu la lunette, le presbyte la diminuer. Un moyen pratique se présente pour satisfaire à ce but. Quand l'instrument est en repos, et que l'on fixe un objet, on doit voir très-clairement et dans une position relative, invariable, les fils du réticule et l'objet fixé. Si le dernier paraît vaciller, il devient nécessaire de mouvoir l'objectif le plus éloigné de l'œil; si c'est, au contraire, le premier qui remue, c'est l'autre objectif qui doit être dérangé. Il me semble que l'on pourrait faciliter ces tâtonnements, en marquant une graduation sur les tubes *bb*. Cette première opération ne se fait, du reste, qu'une fois pour chaque opérateur, et même elle deviendrait inutile, si l'on ne devait se servir de la lunette que d'un seul côté ; car il ne serait plus indispensable alors que les deux tubes fussent rentrés de la même quantité.

« Une autre opération peut également devenir nécessaire, si ce n'est dans le principe, du moins à la longue, et après un usage continu qui a pu déranger l'instrument; c'est la vérification de l'horizontalité du rayon visuel au moment où les *o* des deux échelles se correspondent exactement. Pour y arriver, supposons qu'en se servant de l'un des objectifs comme loupe, on ait établi une correspondance parfaite entre les deux *o* et fixons un objet *ab* (fig. 14), soit *a* le point marqué par les fils du réticule; faisons faire une demi-révolution à l'instrument, et fixons le même objet; soit alors *b* le nouveau point déterminé par le rayon visuel, si nous prenons le milieu *c* entre *a* et *b*, c'est au point *c* que correspond un rayon visuel horizontal, et le tube *aa* devra être dévié de sa position au moyen des vis *eee*, jusqu'à ce que les fils se rencontrent exactement sur ce point *c*.

« La vis *d* sert à donner au tube *aa* un léger mouvement de rotation, dans le cas bien rare où l'un des fils ne serait plus horizontal : ce serait une opération à faire préalablement à la précédente.

« Pour se servir de l'instrument on peut, ou bien le tenir à la main par la boule *o*, ou plus exactement le fixer, à la hauteur de l'œil, au moyen de la fourchette de suspension, soit à un arbre, soit à un bâton planté en terre. M. Mayer donne dans la figure 13, planche II, le dessin d'une canne spéciale à coulisse, qui se prête facilement à l'usage du niveau, tout en pouvant servir de canne ordinaire; je n'en donnerai pas une description complète, que les détails de la figure rendent inutile; je dirai seulement, pour éviter toute incertitude, que le tube *e* est en cuivre, que l'écrou intermédiaire *cc* a pour but d'arrêter la tige *e*, en la pinçant entre les ressorts *dd*, et enfin que la partie inférieure de la canne porte une pointe en fer, que l'on cache au moyen d'un manchon plus élégant. »

Niveau de pente. — Le niveau portatif de M. Mayer est un premier exemple des niveaux de pente, dont on fait un certain usage, soit pour des nivellements rapides, soit pour indiquer les tracés de routes et de chemins.

Une ligne (*ab*) est en pente lorsqu'elle fait un angle obtus avec la verticale du point (*a*); elle est de niveau ou en palier lorsque l'angle est droit, et elle est en rampe lorsque l'angle est aigu.

Si la direction (*ab*) est en pente, inversement la direction (*ba*) sera en rampe.

Si deux points A et B présentent une différence d'altitude (*d*) et une distance horizontale (*h*) entre les verticales, on appelle pente totale de la droite AB la hauteur (*d*), et on appelle pente par mètre de la même droite le rapport $\frac{d}{h}$.

La pente se confond donc avec la tangente trigonométrique de l'angle que fait la droite AB avec l'horizon ; la pente est la caractéristique de cet angle ; elle est plus commode dans la pratique parce qu'elle indique immédiatement la quantité dont on monte ou dont on descend, pour chaque mètre parcouru horizontalement sur la droite AB. Une pente de $\frac{1}{100}$ signifie en effet que l'on descend de 1 mètre pour 100 mètres de distance horizontale parcourue, ou de $0^m,01$ pour 1 mètre de parcours.

L'inclinaison d'un plan est donnée par celle de sa ligne de plus grande pente.

L'inclinaison d'une surface en un point donné est égale à l'inclinaison de son plan tangent en ce point.

Le talus d'un fossé, le fruit d'un mur est l'inverse de la pente qui limite ce fossé ou ce mur; le talus ou le fruit, au lieu d'être le rapport de la hauteur à la base, est le rapport de la base à la hauteur. Un talus de $\frac{1}{2}$ correspond à une pente de 2, et veut dire que l'inclinaison est à 1 de base pour 2 de hauteur.

Le plus simple des niveaux de pente est le niveau de maçon avec traverse graduée; les pentes sont marquées sur la traverse, et pour placer une règle, par exemple suivant une pente de $\frac{1}{10}$, on la surmonte du niveau et on élève ou on abaisse une des extrémités de la règle, jusqu'à ce que le fil à plomb vienne battre sur la division marquée $\frac{1}{10}$.

Pour tracer sur la surface du sol une ligne de pente donnée, on peut recourir au niveau de Mayer que nous avons décrit plus haut; mais on se sert plus fréquemment du niveau de pente de Chézy.

Le niveau de pente de Chézy est semblable au niveau à pinnules que nous avons cité le premier parmi les niveaux à bulle. Chaque pinnule porte une fenêtre garnie d'un réticule, et à côté un petit trou qui sert à viser; le trou de l'une correspond à la croisée des fils de l'autre; l'une des pinnules est de faible hauteur et n'est mobile que pour être rectifiée au moyen d'une vis à clef; l'autre pinnule est beaucoup plus haute, elle est mobile dans son cadre au moyen d'un bouton fileté qui engrène avec une crémaillère; le bord vertical du cadre porte une graduation en pentes, et le bord vertical de la pinnule qui touche à cette graduation, porte un vernier dont le zéro est sur la même horizontale que la croisée des fils du réticule. Lorsque le zéro du vernier est sur le zéro du cadre, la ligne de visée, qui joint le trou de la pinnule immobile à la croisée des fils de la grande pinnule, est horizontale, pourvu, bien entendu, que l'appareil soit en station. — Supposons qu'on veuille tracer une direction formant une rampe de $\frac{1}{10}$, on met le zéro du vernier avec la division $\frac{1}{10}$ du cadre, et alors la ligne de visée, au lieu d'être horizontale, est inclinée de $\frac{1}{10}$; si l'on place le centre du voyant d'une mire sur cette ligne de visée, la droite qui joint le centre du voyant au centre de l'alidade sera inclinée au $\frac{1}{10}$.

Lorsque c'est une pente, et non une rampe qu'il faut tracer, l'observateur regarde par le trou de la grande pinnule et s'aligne sur la croisée des fils de la petite pinnule.

Le niveau de pente de Chézy se règle comme le niveau ordinaire; pour reconnaître si la ligne de visée est horizontale, lorsque le zéro du vernier coïncide avec le zéro du cadre, on opère par retournement, comme nous l'avons vu mainte et mainte fois.

On résout avec le niveau de pente divers problèmes : 1° Tracer une droite de pente donnée; 2° trouver la pente d'une droite AB; l'appareil étant en A, à une distance Aa au-dessus du sol, on place la mire en B et le centre de son voyant à une hauteur $Bb = Aa$ au-dessus du sol, on élève la pinnule jusqu'à ce qu'on aperçoive le centre du voyant dans la direction de la ligne de visée; la division, en face de laquelle se trouve le zéro du vernier, indique la pente de la droite AB; 3° trouver la différence d'altitude entre deux points A et B : on opère comme ci-dessus; on abaisse ensuite la pinnule mobile jusqu'à ce que le zéro du vernier coïncide avec le zéro de la graduation; la ligne de visée est alors horizontale et, pour retrouver le centre du voyant dans la direction de la mire, il faut abaisser le voyant d'une hauteur (bb'), que l'on lit sur la mire et qui donne la différence d'altitude des points A et B; 4° trouver la distance des deux points A et B : on cherche, comme plus haut, la pente (p) de la droite AB, et la différence de niveau $bb' = d$, des points A et B; si l'on appelle (x) la distance horizontale qui sépare les points A et B, on a : $p = \frac{d}{x}$ ou $x = \frac{d}{p}$, ce qui fournit la valeur de x.

Il résulte de là qu'un niveau de pente peut servir à mesurer les distances, et dispenser d'un chaînage pénible. C'est là, comme nous le verrons plus loin, le principe du nivellement trigonométrique.

M. Lefranc, ingénieur en chef des ponts et chaussées, a modifié le niveau de Chézy, de manière à le rendre plus simple, plus léger, plus sensible et moins coûteux. La traverse qui supporte les pinnules est en bois (pl. III, fig. 4) et reçoit en son milieu un niveau à bulle qui sert à la rendre horizontale. La ligne de visée réunit simplement la croisée des fils des deux pinnules. La traverse a près de $0^m,50$ de long, de sorte que la ligne de visée se trouve plus nettement définie.

Quoi qu'il en soit, ces niveaux de pente ne sont que de médiocres instruments, dont la portée doit être limitée à 30 ou 40 mètres.

Les niveaux à perpendicule, analogues à celui de Mayer, ont été montés en niveaux de pente. On conçoit, sans qu'il soit besoin de s'étendre sur ce sujet, comment un niveau quelconque à lunette peut devenir un niveau de pente ou clisimètre (de *clisis*, pente, et *metrein*, mesurer) ; il suffit que la lunette puisse se mouvoir autour d'un axe horizontal, le long d'un cercle vertical gradué ; la ligne 0° 180° de la graduation du limbe étant horizontale, l'alidade, qui se meut en même temps que la lunette, indiquera par le zéro de son vernier l'angle ou la pente que fait avec l'horizon l'axe optique ou ligne de visée.

Le niveau à réflecteur de Burel peut fournir très-simplement un clisimètre de poche ; on implante normalement à la base du miroir une tige graduée le long de laquelle se promène un contre-poids ; ce contre-poids mobile peut changer à chaque instant le centre de gravité du pendule, celui-ci se déplace donc à volonté sous l'action de la pesanteur, et il en résulte pour le miroir une inclinaison variable. Cette inclinaison est indiquée sur la tige par la position du contre-poids ; la graduation se fait par expérience.

Niveau Bertren. — Pour terminer ce que nous avons à dire des niveaux ordinaires, signalons encore le niveau à pendule inventé par M. Bertren, chef de section aux chemins de fer russes.

Il se compose (pl. IV, fig. 1) d'une boule très-pesante (a) à laquelle sont accolées deux boules plus petites (c), qui peuvent se déplacer au moyen de vis et qui servent à régler l'appareil. Cette masse est suspendue à la tige métallique (b) qui se termine par un plateau f dont la face supérieure forme miroir : l'ensemble peut osciller autour d'un joint à la cardan dont on voit en (d) l'un des axes.

Le pendule a donc toute facilité pour se placer dans la verticale ; en ce moment le miroir est horizontal.

L'observateur place l'œil dans le plan du miroir ; il reconnaît qu'il est bien dans ce plan, lorsque la ligne de foi du voyant vient se confondre avec son image réfléchie sur le miroir.

On voit l'avantage de ce système : c'est une grande rapidité d'opération, puisque ce n'est plus seulement une horizontale que l'on a à sa disposition, mais tout un plan horizontal.

La rectification de cet appareil se fait, comme toujours, par retournement.

De la pratique du nivellement. — Passons à une description sommaire de la pratique du nivellement, que l'on possédera bien vite en maniant quelque temps les appareils.

Ceux-ci étant rectifiés et étudiés au préalable, on se propose de niveler une étendue donnée de pays.

Dans les travaux publics, on a le plus souvent pour but de tracer une voie de communication ; l'opération se fait donc sur une longue bande de terrain. On fait le nivellement d'une ligne longitudinale dont les divers sommets sont, autant que possible, voisins du tracé présumé : on complète la représentation du sol en levant, à des distances plus ou moins rapprochées suivant sa conformation, des profils transversaux, embrassant la zone dans laquelle le tracé définitif est susceptible de passer.

Quelquefois cependant, en hydraulique agricole par exemple, l'étendue à niveler a des dimensions comparables en tous sens ; on choisit alors plusieurs lignes principales que l'on nivelle avec précision, puis on rattache à ces lignes les points secondaires en opérant soit par profils transversaux, soit par rayonnement.

Les lignes de nivellement doivent être l'objet d'une reconnaissance préparatoire, dans laquelle il est bon de recourir aux petits instruments expéditifs que nous avons décrits ; ces lignes sont jalonnées et indiquées par des piquets et des balises.

Dans un nivellement de précision, il faut deux observateurs et deux mires. Chaque observateur lit à son tour la cote et l'inscrit sur son carnet, sans la communiquer à son compagnon; lorsqu'ils ont fini, ils se contrôlent réciproquement; pendant que l'un regarde dans la lunette, l'autre surveille l'appareil pour s'assurer que la bulle reste bien entre ses repères.

Il faut se servir de deux mires; d'abord on gagne beaucoup de temps, puisque chaque porte-mire a bien moins à se déplacer, et, en outre, on arrive à des résultats plus exacts; il ne s'écoule que quelques instants entre le coup avant et le coup arrière, et les influences atmosphériques n'ont pas le temps de déranger la bulle.

Celle-ci est en effet très-sensible, aussi bien au soleil qu'au froid, elle se dilate et se contracte alternativement, et, dans certaines conditions atmosphériques, elle est presque toujours en mouvement.

Le niveau, avons-nous dit, doit être placé à peu près à égale distance des deux stations; cependant, on n'évite pas toujours par ce moyen l'erreur due à la réfraction atmosphérique, lorsque les deux stations ont une trop grande différence d'altitude; en effet, les mires se trouvent alors dans des couches d'air d'inégale densité et les erreurs de réfraction ne se compensent plus.

Lorsqu'on ne peut se placer à égale distance des deux stations, il faut opérer par nivellement réciproque; on ne se sert guère de la formule de correction relative à la réfraction atmosphérique et à la sphéricité de la terre.

Il va sans dire qu'un opérateur méthodique adoptera un ordre constant pour chercher les cotes avant et les cotes arrière.

Il inscrira ces cotes sur son carnet, d'une manière nette et bien lisible, de façon à ne rencontrer aucune difficulté pour le travail de cabinet.

Il existe plusieurs modèles de carnet; le plus complet et le plus commode est celui de M. Bourdaloue. Le voilà, tel que le donne M. l'ingénieur en chef Baron dans son cours de l'École des ponts et chaussées :

Nos DES STATIONS.	Distances horizontales entre les points nivelés.	Indication des repères et nos d'ord. des points nivelés.	COTES DES COUPS ARRIÈRE. Direct. observées.	Moyennes.	AVANT. Direct. observées.	Moyennes.	DIFFÉRENCE en + Montant.	− Descendant.	COTES finales.	CROQUIS ET OBSERVATIONS.
1	1	2	4	4	5	7	8	9	10	11
		P. 1	0.580 0.574	1.154					121.456	
1	100							0.867		
		2	0.611 0.606	1.217	1.011 1.010	2.021			120.589	(r_1) Repère sur le seuil de la porte de la maison du sieur X..., près du pilastre gauche.
	160							1.905		
		r_1			1.564 1.558	3.122			118.684	
2							0.707			
		3			1.210 1.205	2.415			119.391	
	50						0.115			
		4			1.151 1.149	2.300			119.506	
	50						0.502			
		5	0.757 0.755	1.512	0.897 0.901	1.798			120.008	
3	100							0.103		
		6	1.502 1.505	3.007	0.840 0.805	1.645			119.905	
4	100						1.385			
		7			0.812 0.810	1.622			121.290	
Totaux.	560			6.890		7.056	2.709	2.875		
Différences égales. . .				0.166			0.166		0.166	

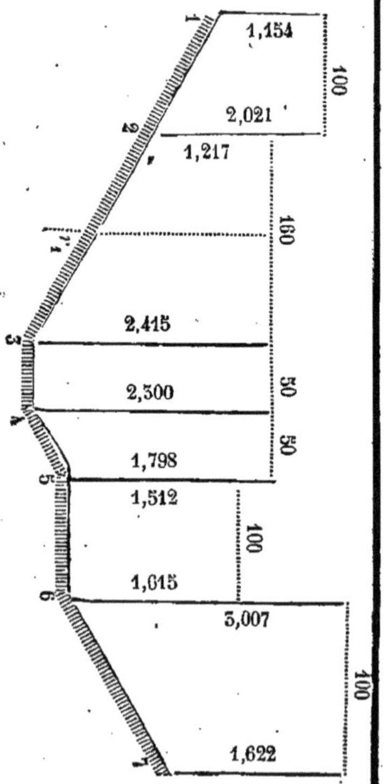

Dans la colonne 1, on inscrit les numéros des stations suivant l'ordre dans lequel on a opéré; dans la colonne 2 on inscrit la distance horizontale entre les stations; dans la colonne 3, la désignation des piquets et des repères, tels qu'ils sont marqués sur le plan; ces numéros sont, du reste, marqués à l'encre noire ou rouge sur les piquets et les repères eux-mêmes ; dans la colonne 4, on inscrit les deux cotes observées sur la mire Bourdaloue pour chaque coup arrière, et la colonne 5 donne la somme de ces cotes, qui est la cote vraie ; les colonnes 6 et 7 sont analogues aux deux précédentes et s'appliquent aux cotes avant; les colonnes 8 et 9 marquent les différences d'altitude positives ou négatives, lorsque l'on passe d'un piquet à l'autre; dans la colonne 10, on inscrit les cotes finales par rapport au plan de comparaison, et dans la colonne 11 on trouve les observations et croquis que l'opérateur croit bon d'ajouter pour rendre les résultats parfaitement intelligibles.

Nous avons vu que dans un nivellement composé, la différence d'altitude entre deux repères A et M était égale à la différence entre la somme de tous les coups arrière et celle de tous les coups avant, cette différence pouvant être positive ou négative. Ainsi, dans le tableau précédent :

la différence d'altitude entre le piquet 1 et le piquet 2 est de :

$$1^{m},154 - 2^{m},021 = -0^{m},867 .$$

on descend donc de $0^{m},867$ en passant du point 1 au point 2 ;

la différence d'altitude entre le point 1 et le repère r_1 est de :

$$(1^{m},154 - 2^{m},021) + 1^{m},217 - 3^{m},122 = -0^{m},867 + 1^{m},217 - 3^{m},122 = -0^{m},867 - 1,905.$$

On voit qu'on arrive au même résultat en ajoutant directement les différences inscrites dans les colonnes 8 et 9, en ayant soin de prendre exactement le signe de ces différences.

On passe d'une cote finale à la cote finale du piquet suivant en ajoutant la différence prise avec son signe; ainsi la cote du piquet 1 étant de $121^{m},456$, la cote du piquet 2 sera $121^{m},456 - 0^{m},867 = 120^{m},589$.

Si le plan de comparaison, au lieu d'être inférieur au point le plus bas du système, était au contraire supérieur au point le plus élevé, il faudrait, pour passer d'une cote finale à l'autre, ajouter les différences en signe contraire; c'est ce que l'on fait pour les cartes hydrographiques.

Le tableau inscrit au carnet offre plusieurs vérifications arithmétiques, qui résultent de la manière même dont on l'a dressé; ainsi, les différences des sommes de la colonne 5 et de la colonne 7, de la colonne 8 et de la colonne 9 sont égales entre elles, et égales aussi à la différence des cotes finales des points extrêmes.

NIVELLEMENT EXPÉDITIF OU TRIGONOMÉTRIQUE. — TACHÉOMÉTRIE

Principe du nivellement trigonométrique. — Le nivellement trigonométrique est basé sur l'emploi des clisimètres : ainsi que nous l'avons fait remarquer plus haut dans la description du niveau de pente de Chézy, on peut, connaissant la distance horizontale qui sépare deux points, *a* et *b* (fig. 77), ainsi que l'angle de la ligne AB ou de sa parallèle (*ab*) avec l'horizon, on peut, disons-nous, calculer la différence d'altitude BC des points A et B, ou (*a*) et (*b*).

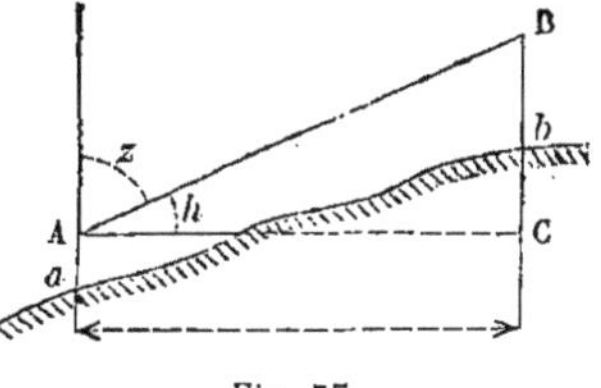

Fig. 77.

En effet, cette différence d'altitude BC ou dN, ainsi qu'on a l'habitude de la désigner, est donnée par l'équation

$$dN = AC.\ \text{tang}\ h = l.\ \text{tang}\ h$$

ou

$$dN = l\ \text{cotang}\ z.$$

L'angle (h) est ce que nous avons appelé la distance angulaire du point B au-dessus de l'horizon du point A, pris comme plan de comparaison ; suivant que cette distance angulaire est positive ou négative, le point B est plus haut ou plus bas que le point A.

L'angle z est la distance zénithale du point B par rapport au point A pris comme station ; la verticale Aa perce la voûte céleste des anciens astronomes en deux points, l'un au-dessus de nous qu'on appelle zénith, et l'autre aux antipodes du premier qu'on appelle nadir. Suivant que la distance zénithale est $< 90°$ ou $> 90°$, le point B est plus haut ou plus bas que la station A. La distance angulaire au-dessus de l'horizon, prise avec son signe, a pour complément la distance zénithale.

On voit que tous les clisimètres peuvent servir à exécuter un nivellement trigonométrique.

Mais il faut remarquer que la méthode précédente est erronée, puisqu'elle ne tient compte ni de l'erreur de réfraction ni de la sphéricité de la terre. En comparant le niveau apparent au niveau vrai, nous avons constaté l'influence des causes précédentes, et nous avons vu qu'elle devenait très-sensible à quelques centaines de mètres.

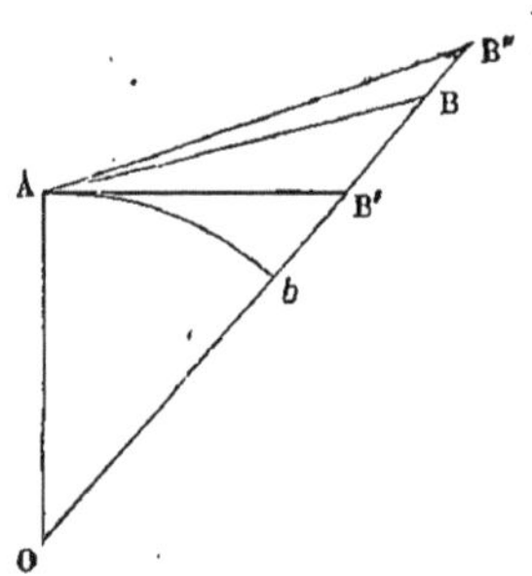

Fig. 78.

Cherchons donc une formule exacte pour le nivellement trigonométrique :

Soit A et B les deux points dont on cherche la différence d'altitude; le plan vertical ABO coupe la sphère terrestre suivant l'arc Ab de niveau vrai, et l'altitude cherchée est Bb; mais on remplacera le niveau vrai par le niveau apparent, que représente l'horizontale AB' et l'on ne mesure que la hauteur BB' ; d'autre part, la réfraction atmosphérique relève en B'' le point B que l'on vise, et, en résumé, on obtient B''B' au lieu de Bb, donc :

$$dN = B''B' + B'b - B''B.$$

Appelons (l) l'arc Ab, sa tangente AB' n'en différera sensiblement que si l'arc a plusieurs kilomètres de longueur, ce qui n'arrive pas dans la pratique; désignons par R le rayon moyen du globe Ao, nous aurons :

$$B'b = \frac{l^2}{2R}$$

et le triangle B'AB nous donnera :

$$B'B = AB' \times \frac{\sin B'AB}{\sin ABB'} = l \times \frac{\sin h}{\sin(180° - h - 90° = 0)} = l\frac{\sin h}{\cos(h + 0)}$$

reste à corriger l'erreur de réfraction ; en pratique ce n'est pas l'angle h ou BAB' que l'on trouve, mais c'est l'angle h ou B″AB′ et l'on a la relation :

$$h = B''AB' - BAB'' = (h_1 - n.O)$$

en admettant que l'angle de réfraction est proportionnel à l'angle O des verticales en A et B ; (n) est ce que l'on appelle le coefficient de réfraction :

Finalement on a :

$$dN = \frac{l^2}{2R} + l\frac{\sin(h_1 - nO)}{\cos(h_1 - nO + O)}$$

On admet généralement pour le coefficient de réfraction la valeur $n = 0{,}08$; l'angle au centre O se mesure par l'arc (l) : on calcule en effet que sur la sphère terrestre un arc d'un mètre correspond à un angle au centre de 0′,00054, donc ; $O = l \times 0',00054$ et la formule précédente complétement réduite devient :

$$dN = 0{,}000.000.0784 \times l^2 + l\frac{\sin(h_1 - 0',000.0432 \times l)}{\cos(h_1 + 0',000.4968 \times l)}$$

Il n'est pas besoin de dire que cette formule n'a qu'un intérêt purement théorique et que personne ne s'en sert dans la pratique ordinaire. En effet, elle est loin d'être expéditive, et présente bien des chances d'erreur.

On peut balancer les erreurs par une opération combinée ou nivellement réciproque, en observant la distance zénithale de B par rapport à A, puis celle de A par rapport à B; le calcul est simple, mais il est plutôt du ressort de la géodésie.

Réduction au centre de la station. — Dans une opération géodésique, on prend autant que possible comme signaux des monuments élevés, tels que des clochers et des tours. On place par exemple la station au centre de la base d'une tour; mais évidemment, c'est là une station théorique O′, et dans la pratique l'opérateur se place en O à la distance $OO' = r$ (fig. 79).

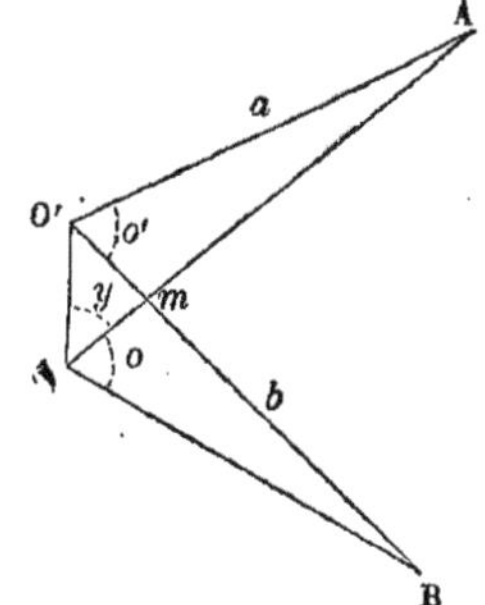

L'angle o étant observé, ainsi que y, en déduire o'; les triangles O′mA, OmB, opposés par le sommet, donnent :

$$O' + A = O + B, \text{ ou } O' - O = B - A,$$

et les triangles OO′A, OO′B fournissent les relations :

$$\sin B = r\frac{\sin(O + y)}{b} \text{ et } \sin A = r\frac{\sin y}{a}.$$

les angles A et B étant très-petits, on a :

$$\sin A = A \times \sin 1'' \text{ et } \sin B = B . \sin 1'',$$

ou bien :

$$A = \frac{\sin A}{\sin 1''} \text{ et } B = \frac{\sin B}{\sin 1''}$$

On calculera donc A et B et par suite $o' - o$, correction cherchée.

La correction précédente s'applique aux angles mesurés dans un plan horizontal; elle peut s'appliquer aussi dans un plan vertical, à l'opération qu'on appelle : réduction des distances zénithales au sommet du signal.

Tachéométrie. — La tachéométrie (*metrein*, mesurer, et *tacheôs*, rapidement) est l'art de lever les plans et de faire les nivellements avec une économie considérable de temps et un grand degré de précision, en se servant d'un seul instrument : le tachéomètre ou théodolite, qui suffit pour déterminer les trois coordonnées d'un point de l'espace.

La tachéométrie, inventée par M. Porro, officier supérieur du génie piémontais, a été exposée avec tous ses détails par l'auteur lui-même, dans un mémoire inséré aux *Annales des ponts et chaussées*, à la fin de l'année 1852. Ce procédé, accueilli avec une grande faveur par la commission chargée de l'examiner, ne s'est pas répandu rapidement, parce qu'il changeait complétement les habitudes prises et aussi parce qu'il n'était point expliqué d'une manière simple.

Aujourd'hui, le tachéomètre ou théodolite est employé dans quelques grands services, notamment par les compagnies de chemins de fer ; il facilite beaucoup les études et permet de les exécuter économiquement et rapidement.

Il a été propagé surtout par M. Moinot, ingénieur au réseau d'Orléans, qui a très-clairement exposé son système dans un volume intitulé : *Levés de plans à la stadia, notes pratiques pour études de tracés.* »

« Depuis la création des chemins de fer, dit M. Moinot, les moyens d'exécution des grands travaux ont été notablement améliorés. Il en est résulté une double économie de temps et d'argent, qui a permis d'aborder des projets inaccessibles auparavant.

« L'étude des tracés n'a pas fait les mêmes progrès. On a sans doute perfectionné les instruments employés à ce travail, et les agents qui s'en servent ont acquis plus d'habileté à les manier ; mais les procédés eux-mêmes n'ont pas changé. C'est toujours au moyen de *profils en travers* levés à la chaîne et au niveau que l'on dresse les plans cotés destinés à l'établissement des projets.

« Dans un pays plat, où le choix d'un tracé ne présente aucune difficulté, cette méthode peut suffire. Dans un pays accidenté, au contraire, le problème est tout autre. Il faut des opérations qui embrassent une assez grande largeur et qui accusent tous les accidents du terrain pour qu'il soit possible d'établir le tracé le plus avantageux.

« Les profils en travers ne donnent la solution qu'à la condition d'être multipliés extraordinairement, ce qui implique une dépense et une perte de temps souvent hors de proportion avec les ressources dont on dispose. En outre, il se présente une foule de cas où des points nécessaires ne peuvent être obtenus, à cause des difficultés d'accès, avec la chaîne et le niveau. Tous les praticiens sont d'accord là-dessus ; il n'en est pas un qui ne sache combien la méthode est fastidieuse et quel nombre de points inutiles il faut relever, en pays de montagnes, avant d'atteindre ceux qui sont nécesssaires.

« Quelques opérateurs, frappés des inconvénients des *profils en travers*, se sont servis des plans parcellaires du cadastre et ont appuyé leurs nivellements sur les limites des parcelles. C'est un moyen inférieur au précédent ; il suppose gratuitement l'exactitude du levé du plan ; il est solidaire des erreurs de copie lorsqu'il faut uniformiser les diverses échelles. D'un autre côté, lorsqu'il existe de grandes propriétés, ce qui arrive fréquemment en pays accidenté, les limites de parcelles sont rares et l'application des cotes difficile et incertaine.

« La lacune que je signale peut être très-heureusement comblée au moyen des ressources que présente l'emploi de la stadia, lorsque la méthode est convenablement appliquée.

« Le principe est simple, une seule observation sur chaque point détermine la projection horizontale et la cote de hauteur.

« L'instrument auquel je fais allusion est le tachéomètre perfectionné de M. Porro. Avant de le décrire, je rappelle le degré de précision qu'il comporte.

« Les mesures reposent sur la proportionnalité de deux triangles semblables. Le premier, dit *triangle d'observation*, a pour base l'écartement des fils d'une lunette, et pour côtés adjacents les lignes menées des extrémités de cette base au point de croisement des images situé à l'intérieur. Le deuxième triangle, ou *triangle observé*, qui donne les mesures cherchées, est le prolongement du précédent ; sa base est appuyée sur les divisions d'une mire placée au point qui doit être relié à la station.

« Pour tirer un bon parti de la stadia, il faut pouvoir observer des points assez éloignés. Qu'arrive-t-il alors? La grande disproportion qui doit exister de ce chef entre le petit côté du triangle observé mesuré sur la mire, et les côtés adjacents, fait que l'erreur de lecture affecte sensiblement la détermination de la distance.

« Les causes d'erreurs inhérentes à la construction ont été considérablement atténuées. Comme perfectionnements importants, on peut citer : la puissance plus grande de l'objectif, la fixité des fils, surtout le *tube anallatique* introduit dans la lunette par M. Porro, pour maintenir un rapport constant entre les deux triangles, indépendant du tirage de l'oculaire. Mais il y a d'autres sources d'inexactitude avec lesquelles il faut compter. Les variations de température peuvent influencer les fils, soit en modifiant leur écartement, soit en grossissant leur image; la longueur de la mire peut n'être pas évaluée exactement, soit par l'imperfection des divisions, les difficultés de lecture, soit encore par le défaut de verticalité.

« Il faut donc s'attendre à des approximations dans les mesures et proscrire la stadia dans toutes les opérations qu'on voudra rigoureusement exactes. Mais lorsqu'on a à dresser un plan coté pour étudier un projet, un faible écart peut toujours être accepté ; j'affirme qu'alors le tachéomètre est l'instrument le plus convenable, et je vais le prouver.

« L'ingénieur chargé de déterminer l'axe d'un tracé sur un plan d'étude, commence par établir la ligne de pente, c'est-à-dire la ligne qui suit les accidents de terrain dans les conditions de pente imposées. Cette ligne, nécessairement irrégulière, doit être rectifiée par une autre qui s'en rapproche autant que possible, composée de droites et de courbes satisfaisant aux données du projet.

« Il résulte de là que ce ne sont pas les cotes considérées partiellement qui déterminent la position de l'axe, mais leur ensemble. Si celui-ci est bon, autrement dit s'il ne présente pas de différences trop fortes, le tracé sera excellent.

« Or, dans les opérations à la stadia, les erreurs sur les points de détails ne sont pas assez considérables pour affecter l'ensemble. Comme elles tiennent à l'imperfection des lectures, elles doivent, suivant les probabilités, se produire tantôt dans un sens, tantôt dans l'autre. De plus, une erreur matérielle sur un point reste de sa nature toute locale, les points observés étant indépendants les uns des autres.

« Quant à l'ensemble du plan, qui est obtenu en s'appuyant sur la base d'opération, il n'y a pas de méthode qui le fournisse avec plus de précision que le levé à la stadia.

« En effet, les lignes de la base d'opération sont disposées de façon à ce que les extrémités s'aperçoivent toujours de l'une à l'autre ; les angles qu'elles forment entre elles peuvent être relevés avec toute la précision que l'on doit apporter dans une triangulation. Au moyen de la boussole dont l'instrument est muni, on a un contrôle pour la mesure de ces angles et même une épreuve du cercle. La longueur des lignes et la différence de hauteur entre leurs extrémités sont données deux fois par les opérations qui se font sur chaque extrémité. Il y a dès lors vérification de tous les éléments de la base.

« Enfin, les sommets sont rapportés sur le plan au moyen de coordonnées rectangulaires calculées trigonométriquement, et ils sont vérifiés par le rapport des détails.

« On reconnaît ainsi que la base d'opération est établie avec beaucoup de précision. Les erreurs de lecture, que les moyennes ne réussissent pas à éliminer complétement, peuvent seules entrer en compte, mais l'expérience a montré qu'elles sont plus faibles que les causes d'inexactitude introduites par les chaînages ordinaires.

« Dans un plan coté, de même que dans tout plan topographique, c'est sur la base que s'appuient toutes les constructions; on est ainsi assuré que le levé à la stadia ne laisse rien à désirer.

« Un autre avantage de ce levé, c'est qu'indépendamment des cotes de nivellement, il donne la position des propriétés qu'il convient souvent de respecter dans le choix d'un tracé, telles que maisons, routes, cours d'eau, clos de grande valeur, etc.

« J'ajouterai que le procédé du levé à la stadia ne s'étend pas au delà de la rédaction du plan coté. A part la charpente, qui est établie avec le tachéomètre, le tracé arrêté sur le plan coté est traité suivant les procédés ordinaires dans son application sur le terrain. On comprend, en effet, que les nivellements à la stadia ne donneraient pas l'exactitude exigée pour l'exécution des travaux. Le mesurage d'un axe, en partie formé de courbes, serait beaucoup plus long qu'avec la chaîne; il ne permettrait pas, en outre, de placer les piquets de profils en travers à des distances sans fractions de mètres, condition nécessaire pour faciliter le calcul des cotes rouges et pour simplifier celui des cubes de terrassements. »

Tachéomètre. — Le grand tachéomètre ou théodolithe olométrique de M. Porro est représenté sur la figure 2, planche IV.

Comme le théodolithe ordinaire, il se compose essentiellement de deux cercles gradués que l'on peut rendre, au moyen d'un système de calage, l'un horizontal et l'autre vertical; parallèlement au cercle vertical se meut une lunette avec tube anallatique et réticule à stadia; le plan vertical, décrit par l'axe optique de cette lunette, contient l'axe de rotation ou pivot vertical implanté au centre du cercle horizontal.

Au-dessous de ce cercle horizontal, M. Moinot, en perfectionnant le tachéomètre, a placé une lunette, dite chercheur, qui permet d'obtenir très-exactement les angles en ayant recours à la méthode de la répétition.

L'instrument est monté sur un pied portatif et solide, terminé à sa partie supérieure par un plateau circulaire, sur lequel l'instrument se fixe au moyen d'une vis.

La grande lunette anallatique de l'instrument est garnie d'un micromètre ou réticule à stadia, pour lire les distances sur une mire parlante; ce micromètre (*fig.* 80) porte sept fils parallèles horizontaux et un seul fil vertical. Il y a trois oculaires : celui qui est au centre comprend dans son champ les trois fils du milieu; chacun des deux autres comprend deux des fils extrêmes; les intervalles des fils sont tels, que 1° la somme des lectures sur la mire par les deux fils supérieurs a et b, moins la somme des lectures par les deux fils inférieurs f et g, donne la valeur de la hauteur interceptée sur la mire par les prolongements des côtés du triangle micrométrique (nous engageons le lecteur à revoir la théorie de la stadia) ; 2° la somme des fils extrêmes a et g, moins la somme des deux suivants en se rapprochant du centre b et f, doit donner $\frac{1}{10}$ de la longueur interceptée sur la mire par les prolongements du triangle micrométrique ; 3° la différence entre les deux fils extrêmes c et e de l'oculaire central donne aussi $\frac{1}{10}$ de la même longueur. — Ces combinaisons fournissent des moyens précieux de vérification et facilitent la lecture des grandes distances, pour lesquelles la longueur de la mire ne serait pas suffisante, et même des distances quelconques, quand la mire se trouve en partie masquée par des obstacles.

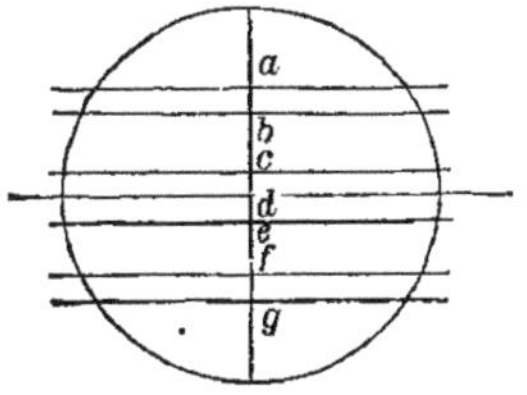

Fig. 80.

Le cercle vertical, fondu en alliage dur, est monté sur l'axe horizontal de rotation de la lunette, de l'autre côté de celle-ci se trouve un second cercle, semblable au premier, et destiné simplement à lui faire équilibre.

Le cercle horizontal, dont le centre se trouve sur le pivot vertical de l'appareil, est assez abaissé pour ne point gêner la rotation de la lunette.

Les deux cercles portent une graduation centésimale; cette graduation facilite beaucoup le calcul, qui se fait par des règles ou échelles logarithmiques.

La numération des angles se fait toujours dans le même sens afin d'éviter les erreurs de lecture ; il n'y a donc sur chaque cercle qu'une origine de graduation.

Sur le cercle horizontal est placée une boussole directrice, qui sert à amener dans toutes les stations, le zéro du cercle sur la direction du nord magnétique. Cette addition n'est pas indispensable, mais elle est commode.

Des niveaux à bulle permettent de régler l'appareil et de le mettre en station, ce qui se fait d'après les principes déjà plusieurs fois répétés : il n'y a qu'à rendre certaines lignes horizontales ou verticales. — Quant au réglage ou à la vérification du réticule micrométrique, on l'exécute, comme nous l'avons vu sur la stadia, en mesurant sur le sol une longueur L et réglant les côtés du triangle micrométrique de telle sorte, qu'ils interceptent L divisions de la mire.

A défaut de l'appareil de M. Porro, on peut recourir à un théodolithe ordinaire, d'un bon constructeur, dont on transforme la lunette en stadia.

La mire a 4 mètres de hauteur; « les divisions, dit M. Moinot, sont indiquées par des teintes qui marquent les centaines, les demi-centaines, les dizaines et les doubles unités. Les centaines et les demi-centaines occupent la demi-largeur de droite qui est peinte en blanc. Un trait noir d'un centimètre de hauteur indique ces divisions; le chiffre de la centaine est seul inscrit. Les dizaines sont peintes alternativement en rouge, orange et blanc sur le premier quart de la demi-largeur de gauche. Le deuxième quart est occupé par les doubles unités ; celles qui sont en regard des dizaines peintes en rouge sont alternativement rouges et blanches ; celles qui correspondent aux dizaines peintes en blanc sont alternativement blanches et bleues. Les fils de la lunette sont réglés de manière que, quand le triangle micrométrique intercepte une longueur de $0^m,50$ de la mire par une observation de niveau, la distance entre le point anallatique de la lunette et la mire est de 100 mètres. Par conséquent, la longueur de mire, interceptée par le triangle micrométrique, est à la distance du centre de l'instrument à la mire comme 1 est à 200. » La mire est placée verticalement au moyen d'un fil à plomb qu'elle porte avec elle.

Pour que le procédé justifie son nom de tachéométrie, il ne fallait pas être forcé de recourir à l'emploi des tables de logarithmes pour les calculs des produits de longueurs par des sinus ou des tangentes. On évite ces calculs pénibles au moyen d'une règle à calcul analogue à celle que tout le monde connaît; ces règles portent plusieurs graduations, sur lesquelles les quantités sont remplacées par leurs logarithmes, de sorte que les multiplications sont remplacées par des additions qui se font à simple lecture. M. Porro a dû construire une règle spéciale, adaptée au système de la division centésimale pour les arcs; elle porte quatre échelles qui sont : 1° l'échelle des nombres, 2° celle des carrés des sinus, 3° celle des sinus et 4° celle des tangentes.

Lorsqu'on a un produit à trouver, il faut ajouter successivement les uns aux autres les logarithmes des divers termes afin d'obtenir le logarithme du produit; et si la graduation, au lieu d'indiquer les longueurs mêmes, indique les quantités dont ces longueurs sont les logarithmes, on trouve comme résultat le produit lui-même et non pas son logarithme.

Il est superflu d'entrer dans de longs détails sur l'emploi des règles logarithmiques; une manœuvre d'un quart d'heure en apprendra plus sur ce sujet que toutes les explications possibles.

A quoi servent les quatre échelles de la règle? L'usage de l'échelle des nombres se comprend sans peine, elle donne les logarithmes des distances. L'échelle des sinus carrés donne les distances (d) réduites à l'horizon, qui se calculent, comme nous l'avons vu dans la théorie de la stadia, par la formule approchée : $d = \mathrm{L}\sin^2\varphi$, dans laquelle φ est l'angle que fait l'axe optique de la lunette avec la verticale de la station, L est la distance indiquée par la partie de mire interceptée. L'échelle des sinus sert à déterminer les coordonnées de chaque point du plan par rapport à deux axes rectangulaires, dont l'un est la ligne nord-sud; en effet, ayant un point M (*fig.* 81) dont on connaît la distance OM à la station, et l'angle MON de la droite OM, avec la ligne nord-sud ou ligne de foi de la boussole, ON, on peut le déterminer par ses deux coordonnées :

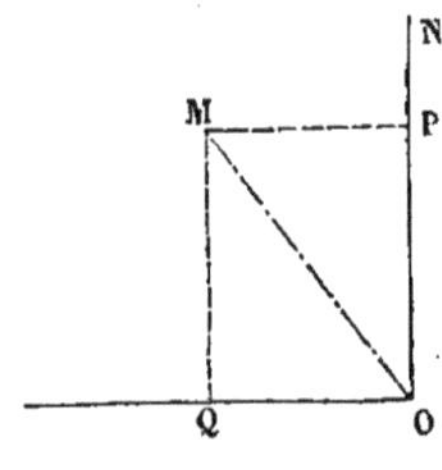

Fig. 81.

$$\mathrm{OP} = x = \mathrm{OM}\cos\mathrm{MON} = d\cos\alpha \quad \mathrm{MP} = y = d\sin\alpha$$

Enfin l'échelle des tangentes sert à calculer les altitudes; connaissant la hauteur au-dessus de l'horizon, h, positive ou négative du point M par rapport à la station O, la différence d'altitude de M par rapport à O sera :

$$a = d\,\mathrm{tang}\,h$$

En résumé, au moyen des quatre échelles nous arrivons à calculer les trois coordonnées de l'espace par rapport à trois axes rectangulaires, dont deux sont dans un plan horizontal; nous avons tout ce qu'il faut pour déterminer le terrain, et cela avec une seule observation sur chaque point, sans qu'il y ait lieu de chaîner les distances.

M. Moinot a recours à un rapporteur spécial pour indiquer sur le plan tous les points observés d'une station A : il place le centre de ce rapporteur en A, et la ligne de foi de la boussole, c'est-à-dire la direction nord-sud est indiquée en ce point; pour marquer un point M, situé à une distance d de A, et tel que AM fait avec la ligne nord-sud l'angle α, on amène la ligne nord-sud sur la division

(α) du rapporteur, le diamètre de celui-ci se trouve alors sur la direction AM, et comme ce diamètre porte une échelle des longueurs, on compte sur cette échelle la distance (d) et on obtient le point M.

Les piquets de base tels, que de l'un d'eux on aperçoive les deux voisins, sont distants de 200^m à 300^m; la largeur de la zône nivelée est de 200^m de chaque côté de la base : celle-ci est déterminée par une reconnaissance préalable, dans laquelle il est bon de recourir aux niveaux expéditifs que nous avons décrits.

Pour les points de détail, on ne laisse aucune trace sur le terrain, on se contente de les indiquer sur le carnet et à côté d'eux on inscrit leur cote. Il est important d'exécuter nettement les croquis du carnet.

Pour terminer, nous donnerons la description du carnet de tachéomètre, dont se sert M. Moinot, à l'ouvrage duquel devra se reporter le lecteur qui voudra suivre exactement sa méthode; toutefois, les développements que nous avons donnés nous paraissent très-suffisants pour permettre, à celui qui les possédera bien, d'exécuter un lever de plan au théodolithe.

1	2	3	4	5	6	7	8	9	10	11	12	13	14	15	16
INDICATION DES STATIONS.	HAUTEUR de l'instrument en station.	NUMÉROS des points.	Angle horizontal. (α)	Angle vertical. (φ)	Lecture des fils.	Nombre générateur. (L)	Hauteur du pointage du fil axial sur la mire. En divisions de la mire.	En mètres.	Distance horizontale. L sin² φ	HAUTEUR. (a)	DIFFÉRENCE en montant.	en descendant.	ALTITUDE de l'instrument	du point.	OBSERVATIONS. — DÉSIGNATION DES POINTS DE DÉTAIL.
Station sur 2. — 22 juillet matin. (Beau temps.)	1.34	»	»	»	»	»	»	»	»	»	»	»	633.09	631.75	
	»	1	103.28	100.18	656.00 200.00	456.00	428.00	2.14	456.00	1.29	»	3.45	»	»	
	»	2	325.70	99.72	614.00 200.00	414 00	408.00	2.04	414 00	1.82	»	0.22	»	»	Angle de la maison du St.
Station sur 3. — Soleil et grand vent contrariant l'instrument.	1.19	»	»	»	»	»	»	»	»	»	»	»	634.12	632.93	
	»	2	125.50	100.14	514.00 100.00	414.00	307.00	1.53	414.00	0.91	»	2.44	»	»	
	»	4	336.75	98.60	526.00 200.00	326.00	365.00	1.81	326.00	7.17	5.36	»	»	»	
Station sur 4.	1.38	»	»	»	»	»	»	»	»	»	»	»	»	»	
»	»	»	»	»	»	»	»	»	»	»	»	»	»	»	

La manière de former ce tableau résulte des remarques que nous avons faites; il faut se rappeler que M. Moinot suppose seulement un réticule à trois fils, deux fils extrêmes et le fil axial. La colonne 7 donne la base du triangle micrométrique; elle s'obtient en retranchant le nombre lu sur le fil supérieur du nombre lu sur le fil inférieur; ce dernier est amené, autant que possible, sur une division de centaines, afin de rendre la soustraction très-facile. Les neuf premières colonnes se remplissent sur le terrain; les nombres des dernières s'obtiennent par les échelles logarithmiques.

On calcule ensuite les coordonnées du point par rapport aux deux axes rectangulaires horizontaux, et on peut construire le plan de la zone considérée. A côté de chaque point, on inscrit sa cote d'altitude, et l'on trace les courbes de niveau, si on le juge convenable.

Tachéométrie au moyen de l'éclimètre stadia. — Dans un mémoire inséré aux *Annales des ponts et chaussées* en 1855, M. l'ingénieur Laterrade expose les avantages que présente pour les opérations de détail l'usage de l'éclimètre stadia :

« La boussole nivelante, dit-il, ou boussole à éclimètre, ou simplement éclimètre, se compose d'une boussole que l'on peut rendre horizontale au moyen d'un niveau à bulle d'air, et à laquelle est fixé latéralement un limbe vertical gradué, sur lequel peut se mouvoir une lunette (*fig.* 82).

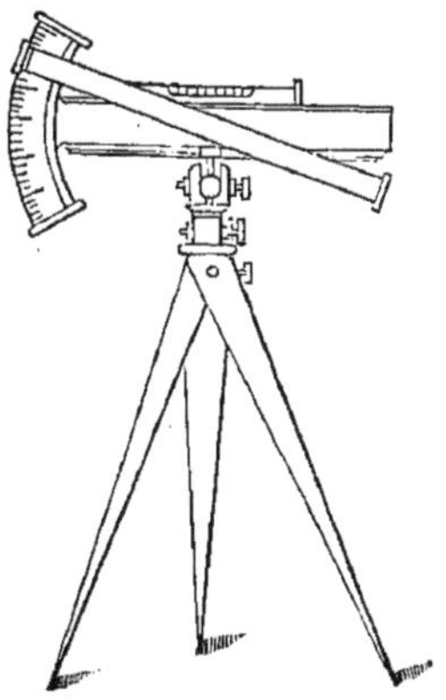

« On fait de la lunette une stadia par les procédés que nous avons indiqués et elle peut servir alors à mesurer les distances. Au moyen de la distance et de l'angle vertical donné par le limbe, on obtient des cotes de nivellement. Enfin la direction du plan du rayon visuel se détermine au moyen de la boussole. L'éclimètre devient donc ainsi un véritable instrument olométrique (qui mesure tout), pour nous servir de l'expression de M. Porro. Quant à l'exactitude qu'il peut donner, elle dépasse celle que réclament les opérations de détail.

Fig. 82.

« Connaissant l'ordonnée ou altitude K d'un repère, il est facile, au moyen de l'éclimètre, d'en déduire l'ordonnée K′ d'un point voisin. Pour cela, on place l'éclimètre au-dessus du repère et on note la hauteur h de l'axe de la lunette au-dessus de ce repère. Si l'on

1. Dans les tachéomètres du système Porro, l'angle diastimométrique est constant ; la longueur interceptée sur la mire et lue par l'observateur est variable.

M. Barthaud, conducteur des ponts et chaussées, a construit récemment un tachéomètre à angle diastométrique variable, dans lequel la hauteur interceptée sur la mire est constante ; cet appareil, ingénieusement disposé, dispense de recourir à la lunette anallatique, qui est assez compliquée, ainsi que nous l'avons vu.

Le réticule se compose d'un fil vertical et de deux fils horizontaux ; l'un est fixe et passe par l'axe optique de la lunette ; l'autre est mobile, il reçoit son mouvement d'une vis de rappel. Cette vis agit elle-même sur un compteur adapté au corps même de la lunette, et le compteur fournit les distances à un centimètre près.

La mire spéciale de cet appareil porte plusieurs disques sur le centre desquels on aligne let deux fils du micromètre ; le fil fixe doit toujours bissecter le disque inférieur, et le fil mobile ess aligné sur l'un ou sur l'autre des disques supérieurs suivant que la distance est comprise entre 0^m et 100^m, entre 100^m et 200^m, entre 200^m et 400^m et ainsi de suite.

Cet appareil a le grand avantage de se prêter aux opérations de nuit plus exactement peut-être qu'aux opérations de jour, ce qui est utile dans les grandes villes, et pour les opérations désigne par l la longueur de la mire, par D sa distance à l'instrument et par α l'angle vertical obtenu en visant son sommet, on aura

$$K' = K - l + h + D \tan \alpha.$$

« Si l'on ne peut pas placer l'éclimètre au-dessus du repère, on le met en un point quelconque et l'on commence par donner un coup sur le repère. En désignant par d la distance et par φ l'angle vertical observé, on aura

$$K' = K - d \tan \varphi + D \tan \alpha.$$

(Cette équation s'obtient par différence, en exprimant les cotes K et K' en fonction de la cote K_1 de la station, et retranchant l'une de l'autre les valeurs de ces cotes K et K'.)

« Étant en station, on calcule une fois pour toutes la valeur $K - D \tan \varphi$, et voici de quelle manière on peut disposer les carnets :

DÉSIGNATION des points relevés. 1	Cotes de distance. 2	Distances inclinées. 3	Angles verticaux. 4	Distances réduites à l'horizon. 5	Cotes de hauteur. 6	ORDONNÉES. $K - d \tan \varphi = 139{,}05$. 7	Angles horizontaux. 8	OBSERVATIONS. 9
Repère n° 120.	0ᵐ.124	8ᵐ.9	+ 23° 45′	7ᵐ.5	+ 3ᵐ.28	142ᵐ.33	103° 00′	Milieu du 1ᵉʳ faîte.
Points *a*. . .	1ᵐ.274	88ᵐ.8	— 4° 48′	88ᵐ.2	— 7ᵐ.40	131ᵐ.65	32° 00′	Bas du 1ᵉʳ faîte.
— *b*. . .	1ᵐ.153	80ᵐ.4	— 7° 21′	79ᵐ.1	—10ᵐ.12	128ᵐ.93	346° 45′	Bas du ravin.
— *c*. . .	1ᵐ.646	112ᵐ.5	— 3° 47′	112ᵐ.0	— 7ᵐ.41	131ᵐ.64	339° 15′	Bas du 2ᵉ faîte.
— *d*. . .	1ᵐ.647	114ᵐ.7	+ 0° 9′	114ᵐ.7	+ 0ᵐ.30	139ᵐ.35	308° 00′	Milieu du 2ᵉ faîte.
— *e*. . .	2ᵐ.591	180ᵐ.2	+ 1° 25′	180ᵐ.1	+ 4ᵐ.45	143ᵐ.50	284° 45′	Sommet du 2ᵉ faîte.

« En ajoutant successivement à la valeur de $K - d \tan \varphi$ les nombres de la colonne 6, on obtient les ordonnées des points qui ont été ainsi relevés en éventail autour de chaque repère.

« On a soin de relever de préférence les points principaux d'inflexion des lignes de faîte et de thalweg. On peut ainsi, avec un très-petit nombre de cotes, représenter très-exactement le relief du terrain. »

Pour rapporter les opérations sur une feuille de papier, on se sert du rappor-

géodésiques à longue distance ; à cet effet, on se sert pour la mire de disques en verre coloré, derrière lesquels on place de petites lanternes.

Par suite des dispositions adoptées, les échelles logarithmiques sont devenues inutiles, ce qui est encore un avantage sérieux.

Nous regrettons de ne pas avoir vu le tachéomètre de M. Barthaud ; mais nous avons cru devoir en signaler le principe, car il nous paraît appelé à rendre de bons services, pourvu que la construction du micromètre et de son compteur soit parfaitement soignée.

teur que nous avons décrit plus haut en parlant de la méthode de M. Moinot, rapporteur qui donne non-seulement les angles horizontaux, mais encore les distances D. Il est facile de construire une série de ces rapporteurs avec du papier un peu fort.

Dans son mémoire, M. Laterrade explique clairement et simplement les avantages de la méthode du lever des plans par l'éclimètre; nous ne pouvons mieux faire que de lui emprunter les lignes suivantes :

« Les avantages de la méthode précédente sont surtout sensibles dans les terrains accidentés :

« Avec un bien moins grand nombre de points que la méthode des profils en travers, elle permet de représenter le terrain bien plus exactement.

« Elle n'exige le tracé d'aucune ligne droite, et, par conséquent, dispense de l'emploi des jalons et de l'équerre.

« L'éclimètre a une portée aussi grande que les niveaux à bulle d'air ordinaires et il dispense des stations intermédiaires. Il a, de plus, sur les niveaux d'eau, l'avantage d'une portée beaucoup plus grande.

« Toutes les opérations nécessaires pour niveler un point, et le rapporter ensuite, se font simultanément au moyen d'une seule visée. On a ainsi besoin de moins d'instruments et de moins d'aides. En outre, ces derniers peuvent être de simples manœuvres; ils sont payés moins cher, et on n'a pas à redouter les erreurs qui pourraient provenir de leur concours.

« Tous ces avantages se traduisent en économies considérables de temps et d'argent; mais le principal de tous, c'est la plus grande exactitude qui résulte de ce que le terrain est beaucoup mieux déterminé au moyen des cotes relevées uniquement dans les endroits où son relief l'exige, et sans que l'on soit nullement astreint à suivre une ligne droite tracée à l'avance.

« *Degré d'exactitude nécessaire pour les opérations de détail.* — Il est tout à fait superflu de rechercher pour les nivellements de détail la même exactitude que pour les nivellements de repères généraux. On conçoit, en effet, qu'il suffit d'une motte de terre ou d'une touffe de gazon pour causer entre deux points, même très-rapprochés, une différence qui dépasse $0^m,10$. Enfin l'hypothèse de la continuité du terrain entre deux points nivelés peut produire des erreurs bien plus considérables encore. Aussi, nous pensons qu'on admettra sans peine avec nous que, pour les opérations de détail, il est tout à fait suffisant de niveler chaque point à $0^m,10$ près, surtout lorsqu'on les obtient directement et sans station intermédiaire, au moyen de l'ordonnée d'un repère déterminé avec beaucoup d'exactitude.

« Ainsi, dans le traité intervenu avec M. l'ingénieur en chef Talabot, pour les études du chemin de fer d'Avignon à Marseille, tandis que M. Bourdaloue s'engageait à niveler les repères généraux avec une tolérance de $0^m,018$ seulement par 50 kilomètres de longueur nivelée, il avait été convenu que les profils en travers ne seraient pris qu'à $0^m,05$ près.

« Quant à l'exactitude nécessaire dans la fixation des points de détail comme position, on remarquera que les échelles les plus généralement adoptées pour les études préalables des chemins de fer sont : $\frac{1}{10000}$, $\frac{1}{5000}$ et $\frac{1}{2000}$; encore cette dernière ne l'est-elle que rarement et seulement pour les plans peu étendus. Or, à ces échelles, 1 mètre de longueur horizontale sur le terrain est représenté par des longueurs effectives de $0^m,0001$, $0^m,0002$ et $0^m,0005$.

« Occupons nous actuellement de l'exactitude que peuvent donner les opérations à l'éclimètre-stadia. Ces opérations sont au nombre de trois : la lecture de l'angle horizontal de la boussole, celle de l'angle vertical du limbe et celle de la cote de distance. Voyons quel degré de précision chacune d'elles comporte :

« 1° *Erreur résultant de l'inexactitude de la boussole.* — La boussole est très-usitée dans le service du génie militaire; elle l'est très-peu, au contraire, dans celui des ponts et chaussées. Elle est pourtant plus commode que le graphomètre. Si donc on lui préfère ce dernier instrument, c'est qu'on la suppose inexacte. Voyons jusqu'à quel point ce reproche est fondé.

« Sans entrer dans la discussion des diverses causes d'erreur qu'on attribue à la boussole, nous nous bornerons à rapporter quelques faits d'expériences, cités par M. le lieutenant-colonel du génie Bichot, dans une notice publiée dans le *Mémorial de l'officier du génie.*

« En voici le tableau résumé :

LONGUEUR DÉVELOPPÉE sur laquelle porte la vérification.	ERREUR TOTALE.	ERREUR par kilomètre.	ERREUR EN FRACTION de la longueur développée totale.
Kilomètres.	Mètres.	Mètres.	
24.0	32.00	1.33	$\frac{1}{750}$
35.0	18.00	0.51	$\frac{1}{1944}$
12.4	8.75	0.30	$\frac{1}{3307}$
20.0	5.00	0.25	$\frac{1}{4410}$

« Les deux premières opérations ont été faites par plusieurs opérateurs inégalement exercés et avec différentes boussoles. Elles peuvent donner une idée de l'exactitude que l'on peut attendre de l'emploi de la boussole dans les opérations de détail.

« Les deux dernières opérations ont été faites, chacune avec une seule boussole et par un opérateur habile. Leurs résultats montrent à quel degré d'exactitude on pourrait atteindre dans les opérations de précision.

« M. le lieutenant-colonel Bichot ajoute que les opérateurs ordinaires apprécient facilement les angles horizontaux de la boussole à 5 minutes près et que ce degré est dépassé de beaucoup par les opérateurs habiles. Or une erreur de 5 minutes sur l'appréciation d'un angle horizontal correspond, à une distance de 100 mètres à une erreur de $0^m,15$ sur la position du point sur le terrain, ce qui, à l'échelle de $\frac{1}{2000}$, répond à une longueur de $0^m,000075$ et à l'échelle de $\frac{1}{10000}$ de $0^m,000015$, quantités inférieures à la largeur du trait tracé avec un crayon fin.

« Si l'on ne veut pas admettre que la boussole puisse donner les angles horizontaux à 5 minutes près, on ne contestera pas du moins qu'elle peut les donner à 15 minutes près, et qu'elle peut ainsi suffire, et au delà, pour les opérations de détail, sinon pour celles de précision.

« 2° *Erreur résultant de la lecture des angles verticaux.* — Les angles verticaux se lisent à une demi-minute près. Cette approximation correspond, à une distance de 100 mètres, à une erreur de $0^m,015$, c'est-à-dire beaucoup plus d'exactitude que n'en comportent les opérations de détail.

« Pour donner une idée du degré d'exactitude que l'on peut atteindre dans les nivellements à l'éclimètre, nous citerons un passage d'une brochure de M. Bichot sur les applications de la trigonométrie.

« Le chef de la section des leveurs, M. Heltzelé, n'avait pas l'habitude de l'écli-
« mètre, et l'instrument qu'il avait à sa disposition était moins parfait que ceux
« construits aujourd'hui. Pour se faire la main, il s'exerça d'abord sur des
« points du réseau trigonométrique, nivelés à l'aide du niveau à bulle d'air et
« à lunette, suivant le mode ordinaire. Il fit ainsi dix opérations séparées. La
« moyenne des longueurs des diverses bases dont il se servait était de 750 mè-
« tres. Eh bien, la moyenne de l'erreur pour chaque opération aussi, était seu-
« lement de $0^m,15$. C'était juste 2 centimètres en verticale pour chaque 100 mè-
« tres de distance horizontale. L'erreur maximum avait été de $0^m,45$. La somme
« totale des erreurs, abstraction faite de leurs signes, était ainsi de $1^m,50$ pour
« environ 100 mètres de différence de niveau, mesurés.

« Ces résultats étant satisfaisants, M. Heltzelé passa à la détermination des
« cotes des sommets des triangles par l'intersection de deux lignes de pente, les
« bases de ces triangles ayant été préalablement nivelées, la cote de chaque som-
« met étant ainsi donnée par deux opérations distinctes. La plus grande diffé-
« rence de niveau qu'il obtint entre deux cotes d'un même point fut seulement
« de $0^m,15$; elle se rapportait aux deux plus longs côtés servant de base; ils
« avaient, l'un $1321^m,50$, l'autre $1001^m,34$ de longueur.

« Les différences de niveau mesurées ainsi, par un seul coup d'éclimètre, ont
« dépassé 400 mètres, les angles de pente s'élevant jusqu'à 25 degrés. »

« Ces résultats sont très-remarquables en ce qu'ils ont été obtenus à l'aide d'un instrument non perfectionné et par un opérateur, habile, il est vrai, mais qui s'en servait pour la première fois. La plus grande erreur accusée est seulement de $0^m,015$ par 100 mètres de longueur. C'est précisément celle qui correspond à une erreur d'une demi-minute dans l'appréciation de l'angle vertical.

« 3° *Erreur résultant de l'appréciation des distances au moyen des cotes lues sur la mire.* — Lorsque la mire dont on se sert est divisée de la manière ordinaire, la valeur de β est comprise entre 50 et 100, en sorte qu'une erreur de lecture de $0^m,001$ correspond à une erreur de $0^m,05$ à $0^m,10$ sur la distance, ce qui rentre dans la limite de l'exactitude que l'on peut attendre de la chaîne. Néanmoins, avant de nous servir des stadias faites par les procédés ci-dessus, nous avons voulu, par une expérience directe, nous assurer du degré d'exactitude qu'on pouvait en attendre (V. p. 36).

« Pour cela, nous avons commencé par calculer les éléments de la formule

$$d = \alpha + \beta L,$$

et nous avons trouvé ainsi

$$d = 138,78\,L + 0^m\,38$$

pour l'instrument employé.

« Dans ce cas particulier, la valeur de β dépasse 100; mais cela tient à ce que la mire employée n'était pas graduée à la manière ordinaire. C'était une mire Bourdaloue, disposée de telle sorte, que les cotes lues étaient précisément moitié des cotes réelles. Il en résultait qu'une erreur de lecture d'un millimètre devait entraîner une erreur de $0^m,14$ sur l'appréciation de la longueur, et comme nous obtenions la cote de distance au moyen de la soustraction des cotes de deux fils, le maximum de l'erreur pouvait aller jusqu'à $0^m,28$ ou $0^m,30$ en nombre rond, dans le cas le plus défavorable, sans qu'il ait été commis d'erreur de lecture. Voici les résultats auxquels nous sommes arrivés.

« On opérait d'après la méthode Bourdaloue, c'est-à-dire que les cotes lues par l'opérateur étaient immédiatement contrôlées par le porte-niveau faisant fonction de lecteur.

DISTANCES TROUVÉES AU MOYEN			DISTANCES TROUVÉES AU MOYEN		
DES COTES LUES PAR L'OPÉRATEUR.	DES COTES LUES PAR LE LECTEUR.	D'UN CHAINAGE DIRECT.	DES COTES LUES PAR L'OPÉRATEUR.	DES COTES LUES PAR LE LECTEUR.	D'UN CHAINAGE DIRECT.
mètres.	mètres.	mètres.	mètres.	mètres.	mètres.
2.0	2.0	2.0	20.3	20.5	20.4
5.1	5.1	5.0	48.1	47.9	48.0
9.7	9.7	9.6	48.9	48.9	49.0
9.9	9.8	9.8	49.9	50.0	50.0
10.1	10.1	10.0	50.9	50.7	51.0
10.2	10.2	10.2	51.8	52.0	52.0
10.5	10.5	10.4	74.2	74.0	74.0
19.8	19.7	19.6	75.0	75.0	75.0
19.9	19.9	19.8	76.2	76.1	76.0
20.2	20.1	20.0	77.1	77.1	77.0
20.5	20.2	20.2	78.0	78.0	78.0

« Il nous semble inutile de commenter ces résultats. Ils prouvent que les lunettes ordinaires peuvent servir à mesurer les distances avec beaucoup plus d'exactitude que n'en exigent les opérations de détail. Ils prouvent aussi, une fois de plus, combien est grand le degré de précision que l'on peut obtenir dans la lecture des cotes, au moyen des mires parlantes divisées dans le système Bourdaloue, bien que les plus petites divisions de ces mires aient $0^m,04$ et que, pour s'en servir, il faut les diviser à l'œil en vingt parties égales. »

Niveau pantomètre. — Depuis quelques années, on a inventé plusieurs appareils, plus ou moins commodes, plus ou moins exacts, qui donnent à la fois le plan et le nivellement d'un terrain.

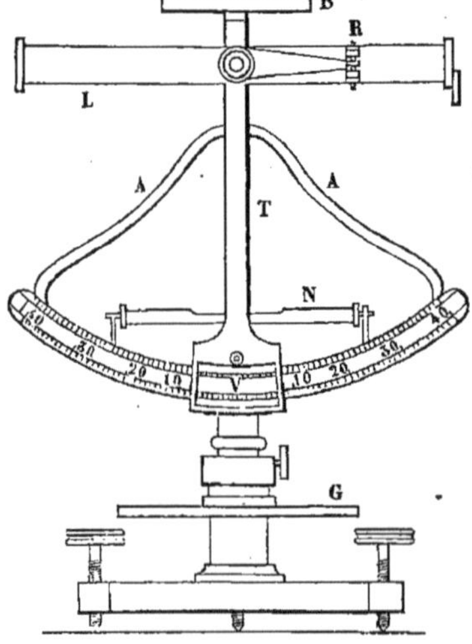

Fig. 82 *bis*.

Parmi ces appareils, nous citerons celui de M. Baudassé, agent-voyer d'arrondissement à Toulon :

Représenté sur la figure 82 *bis*, ce niveau se compose des parties suivantes :

1° un bâti A qui supporte les diverses pièces ;

2° à la partie inférieure de ce bâti un limbe gradué;

3° à la partie supérieure une lunette *L*;

4° entre la lunette et le limbe un niveau *N*, qui sert à rendre vertical le diamètre principal du limbe, c'est-à-dire l'axe théorique du système;

5° perpendiculairement à l'axe de la lunette est fixée une tige T, terminée par un curseur à vernier mobile le long du limbe ;

6° une boussole B, dont le plan est perpendiculaire à l'axe théorique de l'appareil;

7° un plateau horizontal gradué pour servir de graphomètre.

Cet appareil est un véritable pantomètre, susceptible de rendre des services pour les tracés de route; la lunette est mobile autour de son axe horizontal, on peut la garnir simplement de pinnules, ce qui suffit pour la portée utile de l'instrument.

L'appareil étant en O, la distance horizontale qui sépare le point O du point A se mesurera en plaçant en A un jalon (m,n) et visant successivement le pied et la tête de ce jalon dont la hauteur (h) est connue; on aura les angles α et β des droites Am, An avec l'horizon, et la distance horizontale (d) sera donnée par la formule :

$$d = \frac{h}{\tang \beta - \tang \alpha}$$

Le calcul est simplifié par un tableau des tangentes dressé à l'avance.

L'appareil peut encore être employé comme un niveau de pente ordinaire, soit pour tracer une route, soit pour relever des profils en travers.

Il n'est point susceptible de servir aux opérations de précision, mais il peut rendre d'utiles services pour les projets simples, lorsque la portée de niveau ne dépasse pas 60 mètres.

Nivellements barométriques. — Ils ne sont guère en usage dans les travaux publics. Nous les avons expliqués en détail dans le cours de physique, auquel nous renvoyons le lecteur.

Prix de revient des levers de plans. — Pour 125 francs le kilomètre, on peut obtenir, en opérant avec le tachéomètre :

1° Un plan coté au $\frac{1}{2000}$, levé sur une zone de 400 mètres de largeur, avec indication des points principaux du plan parcellaire;

2° Un profil en long au $\frac{1}{10000}$, relevé sur le plan coté.

3° Un plan au $\frac{1}{10000}$, destiné à faire l'image, et composé de la réduction du premier plan qu'on a complété à l'aide du cadastre.

Voici encore, d'après M. E. Level (*Étude sur les chemins de fer d'intérêt local*), le prix des diverses opérations nécessaires pour l'établissement de l'avant-projet d'un kilomètre de voie de communication :

Recherche de l'axe du profil en long qui donne le minimum de dépense.	20 fr.
Tracé et piquetage de la ligne approuvée..	30
Nivellement en long, avec établissement de repères fixés soit sur des bornes, soit sur le seuil d'habitations rencontrées.	30
Profils en travers pour calculs des terrassements.	25
Calcul des terrassements · déblais et remblais.	5
Indication des ouvrages d'art.	5
Expédition et autographie du profil en long définitif avec l'indication des cotes noires de rouges, et du plan au $\frac{1}{10000}$, tirage à 25 exemplaires..	34
Expédition des profils en travers à deux exemplaires.	15

La dépense totale nécessaire à la formation du dossier d'exécution s'élève donc à 300 francs.

Géométrie souterraine. — La boussole et les niveaux à perpendicule servent à mesurer les angles dans les mines; on a recours à la chaîne pour les distances. Avec les puissants moyens d'éclairage dont on dispose aujourd'hui, on peut même recourir aux lunettes pour trouver les directions : la lumière, donnée par la combustion d'un fil de magnésium, placé au centre d'un réflecteur, est assez forte pour traverser une couche obscure même très-épaisse. Mais, ce serait sortir de notre cadre que d'aborder ce sujet : en exposant la construction des tunnels, nous aurons lieu d'en dire quelques mots.

CHAPITRE IV

CUBATURE DES TERRASSEMENTS — COURBES DE RACCORDEMENT

1° CUBATURE DES TERRASSEMENTS

Des profils. — Dans l'avant-projet d'une voie de communication, on distingue deux sortes de profils : le profil en long et les profils en travers, qui se composent de l'intersection du terrain et de la voie projetée par des plans verticaux perpendiculaires au plan vertical contenant le profil en long à l'endroit considéré.

Le profil en long se compose de lignes droites et de courbes de raccordement ; les surfaces qui limitent la voie, au passage de ces courbes, sont des surfaces de révolution, et le volume de terre à enlever ou à mettre est mesuré par le produit de la section méridienne et de la longueur de l'arc moyen. On peut donc faire les calculs en adoptant comme longueur entre profils le développement de l'arc moyen.

Le profil en long est levé sur la ligne principale ou axe des ouvrages à exécuter (*pl.* V) ; dans le cas de la figure, c'est sur l'axe de la route à construire.

Les cotes du terrain sont inscrites en noir et celles du tracé sont inscrites en rouge. S'il s'agit d'un remblai, on inscrit, au-dessus de l'ordonnée du tracé, ce qu'on appelle spécialement la cote rouge, c'est-à-dire la différence entre la cote du tracé et celle du terrain. - S'il s'agit d'un déblai, c'est au-dessous du sommet de l'ordonnée du tracé qu on inscrit la cote rouge, ou excès de l'ordonnée du terrain sur celle du tracé.

Lorsqu'on a plusieurs variantes d'un tracé, on les désigne par d'autres encres colorées : verte ou violette. La teinte bleue est réservée pour les eaux.

Il est nécessaire de connaître sur le profil en long toutes les cotes qui correspondent aux changements de pente du tracé : par une moyenne proportionnelle, on calcule les ordonnées intermédiaires dont on peut avoir besoin.

Il est facile de construire les profils en travers, une fois que le profil transversal de la voie de communication est déterminé. La planche V représente les profils transversaux d'une route : on découpe dans un fort papier les profils-types de la chaussée pour déblai et pour remblai ; à une extrémité de la cote rouge d'un profil donné, désigné par son numéro d'ordre, on applique le profil du terrain, et à l'autre extrémité le profil de la chaussée. Il est facile ensuite de calculer toutes les cotes rouges de ces profils transversaux.

Il est évident qu'en marquant, comme nous le faisons, des pentes régulières sur le terrain, nous n'obtenons pas une représentation exacte du sol ; mais le sol n'a pas une figure géométrique, et l'on ne peut tenir compte de toutes les petites inégalités qu'il présente. C'est à l'opérateur habile de choisir ses points de manière à se rapprocher le plus possible de la surface vraie.

En alignement droit, on se représente le terrain entre deux profils transversaux comme engendré par une droite qui se meut, en restant dans un plan parallèle au plan vertical du profil en long et en s'appuyant sans cesse sur les lignes de terrain qui sont marquées sur les deux profils transversaux. Pour les surfaces qui limitent la route : plate-forme, fossés, talus, la représentation est exacte puisque ce sont des surfaces géométriques.

En alignement courbe, le profil en long se trouve sur un cylindre vertical : la génération du terrain est la même que plus haut, sur le développement : si on voulait revenir à la position vraie, les droites génératrices se transformeraient en hélices tracées sur des cylindres verticaux parallèles au cylindre du profil en long.

Remarquez qu'avec ce système de représentation le terrain est complétement déterminé ; car on peut toujours construire la cote d'un point donné en construisant la génératrice qui passe par ce point et construisant le rabattement de cette génératrice sur le plan horizontal. Nous engageons le lecteur à faire l'épure de cet exercice simple.

C'est par le même procédé qu'il trouvera la courbe de passage du déblai au remblai, lorsqu'une telle courbe existe entre deux profils transversaux donnés : imaginez un plan vertical parallèle au profil en long, il coupe le terrain et l'ouvrage suivant deux génératrices rectilignes qui se rencontrent en un point de la ligne de séparation cherchée. On peut ainsi construire de cette ligne autant de points que l'on voudra : cette ligne est une hyperbole à courbure peu prononcée ; dans la pratique, on en détermine deux points suffisamment éloignés l'un de l'autre, et on lui substitue la ligne droite qui joint ces deux points.

Lorsque entre deux profils en travers il y a passage de déblai à remblai, il faut prendre quelques précautions lorsque la chaussée en déblai est accompagnée d'un fossé. Le talus d'un fossé étant à 45°, et la pente du remblai étant $\frac{2}{3}$, celui-ci masquerait le débouché de celui-là : on engendre alors la surface du talus par une droite qui s'appuie à un bout sur la ligne du fossé à 45° et de l'autre sur la ligne du remblai à $\frac{3}{2}$.

Cubature des terrassements dans un entre-profil. — La surface du terrain et celle des ouvrages étant géométriquement déterminées par ce qui précède, le volume qu'elles limitent l'est aussi, et on peut, à la rigueur, le calculer exactement.

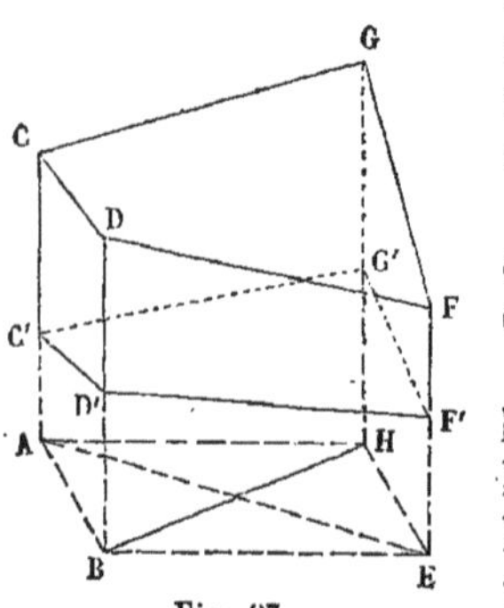

Fig. 83.

On trouvera, à ce sujet, dans les *Annales des ponts et chaussées de* 1837, une note de M. l'ingénieur en chef Lerouge.

Mais, au point de vue pratique, l'emploi des formules exactes, qui sont compliquées et embarrassées de lignes trigonométriques, est absolument inutile. Il est logique de se contenter de la mesure approchée d'un volume, qui lui-même ne représente que d'une manière approchée le cube réel des terrassements.

On a donc recours à la méthode expéditive :

Supposons que les surfaces des profils en travers, qui limitent l'entre-profil considéré, soient toutes deux entièrement en déblai ou entièrement en remblai, et soit, par analogie, le volume de la figure 83 terminé aux deux quadrilatères plans parallèles ABCD, EFGH, la droite BE étant perpendiculaire au plan de ces deux bases que nous désignerons par S et S′, le volume ABCDEFGH est mesuré par

$$V = BE \times \frac{S + S'}{2},$$

cette formule est exacte, comme on peut s'en assurer en construisant sur la figure les deux prismes droits ayant pour bases S et S′ et pour hauteur commune BE ; on verra sans peine que l'ensemble de ces deux prismes est le double du volume donné.

Ceci posé, soit L la distance BE comptée sur l'axe, qui sépare les deux profils (m) et $m+1$, appelons D et R, D_1 et R_1 les surfaces de déblai et de remblai que présentent ces deux profils en travers.

Plusieurs cas sont à distinguer :

1° Les profils transversaux sont tous les deux entièrement en déblai ou entièrement en remblai; on prendra pour le volume de l'entre-profil, l'une des valeurs

$$V = \frac{D + D_1}{2} \times L \qquad V = \frac{R + R_1}{2} \times L$$

et le volume trouvé sera exact.

2° Si les deux profils sont en remblai et en déblai, et que D corresponde à D_1 et R à R_1; le volume total se décompose en deux volumes partiels, et s'obtient exactement par la formule :

$$V = V_r + V_d = L \left\{ \frac{R + R_1}{2} + \frac{D + D_1}{2} \right\}$$

3° Si les deux profils sont l'un en déblai et l'autre en remblai, et que D correspond à R_1 ou R à D_1, on a recours à l'une ou à l'autre des formules approximatives suivantes :

Supposons que D corresponde à R_1, nous partageons la longueur L dans le rapport de D à R_1, et la partie qui regarde D est alors égale à $\frac{L \cdot D}{D + R_1}$.

Le volume du déblai est celui d'un conoïde, dont la base est D, et la hauteur $\frac{L \cdot D}{D + R_1}$, ce volume est donc mesuré par :

$$V_d = \frac{1}{2} \frac{D \cdot {}^2L}{D + R_1} = L \left\{ \frac{D}{2} - \frac{1}{2} \frac{DR_1}{D + R_1} \right\}$$

La quantité entre accolades est le résultat de la division de D^2 par $\frac{1}{2}(D + R_1)$.

On aura de même :

$$V_r = L \left\{ \frac{R_1}{2} - \frac{1}{2} \frac{R_1 D}{D + R_1} \right\}$$

Le terme correctif est le même pour les deux formules.

Si, au contraire, c'est le profil (m) qui est en remblai et le profil $(m+1)$ en déblai, on a :

$$V_d = L\left\{\frac{D_1}{2} - \frac{1}{2}\frac{RD_1}{R+D_1}\right\} \qquad V_r = L\left\{\frac{R}{2} - \frac{RD_1}{R+D_1}\right\}.$$

Enfin, si les deux profils sont à la fois en déblai et en remblai, que D corresponde à R_1 et R à D_1, il faudra cumuler les résultats des deux groupes de formules approximatives précédentes.

4° Il peut arriver encore que l'une des surfaces ne corresponde à rien dans l'autre profil; cela arrive lorsque la largeur de l'ouvrage change d'un profil au suivant. On assimile alors cette portion de volume, qui n'a qu'une base, à une pyramide, et l'on prend par exemple

$$V_d = D \times \frac{L}{3}.$$

Il est évident que là encore ce n'est qu'une formule approximative.

Remarquez que, si l'on applique le système précédent pour les alignements courbes, on pourra faire des erreurs lorsque les profils seront à la fois en déblai et en remblai, car, dans la réalité, les moitiés des profils, qui sont dans la concavité, se trouvent plus rapprochées que celles qui sont dans la convexité. L'erreur est généralement assez faible, parce que la distance d'entre-profil est relativement considérable par rapport à la quantité dont tourne la section d'un profil à l'autre.

Méthode de la section médiane. — Il est plus exact et peut-être plus expéditif de substituer à la demi-somme des profils extrêmes l'aire d'un profil pris au milieu de la longueur de chaque solide. Ce nouveau mode de calcul, imaginé en 1836 par M. de Noël, ingénieur des ponts et chaussées, n'exige pas de nouveaux profils en travers, mais seulement une autre distribution des longueurs des solides.

1er *cas* (fig. 84). — On suppose le terrain horizontal dans les profils en travers, et ces profils assez rapprochés pour que le terrain n'éprouve pas d'inflexion dans le sens de la longueur du solide; on peut de la sorte, sans erreur sensible, joindre par des lignes droites les angles correspondants des profils extrêmes. Posons :

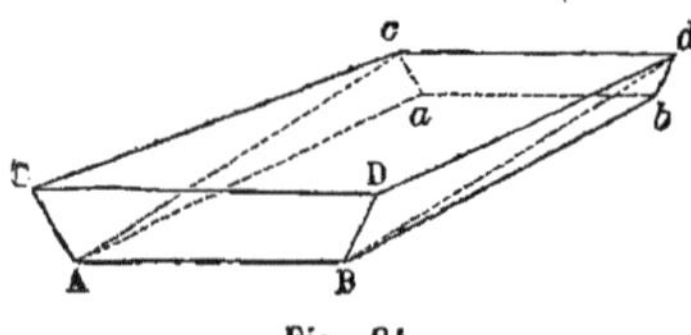

Fig. 84.

$$AB = ab = a \qquad \text{tang ACD} = \frac{1}{n} \qquad Aa = Bb = l$$

soit h et h' les hauteurs des deux trapèzes ABCD, *abcd*.

L'aire ABCD a pour mesure

$$(a + nh)\,h$$

et l'aire *abcd*

$$(a + nh')\,h'.$$

Coupons le solide par le plan diagonal AB*cd*, on le décompose en deux prismes triangulaires tronqués dont la somme est exactement égale à :

$$V = l\left\{ a\left(\frac{h+h'}{2}\right) + \frac{n}{3}\,(h^2 + hh' + h'^2)\right\}. \qquad (1)$$

La section faite au milieu de l'entre-profil a pour hauteur $\frac{h+h'}{2}$ et pour bases a et $a+n(h+h')$, sa mesure sera donc

$$\frac{h+h'}{2}\left(a+n\frac{h+h'}{2}\right),$$

et le volume du solide, calculé par la nouvelle méthode, sera

$$V=l\left\{a\left(\frac{h+h'}{2}\right)+n\left(\frac{h+h'}{2}\right)^2\right\} \qquad (2)$$

La première méthode expéditive, par le moyen des profils, donne, au contraire,

$$V=l\left\{a\left(\frac{h+h'}{2}\right)+n\left(\frac{h^2+h'^2}{2}\right)\right\}. \qquad (3)$$

Si l'on pose $h'=h+k$, et si l'on fait abstraction du facteur commun nl, ces trois valeurs deviennent

$$(1)\quad h^2+hK+\frac{K^2}{3} \qquad (2)\quad h^2+hK+\frac{K^2}{4} \qquad (3)\quad h^2+hK+\frac{K^2}{2}.$$

La méthode de la section médiane donne un résultat trop faible, et l'erreur est de $\frac{K^2}{12}$, tandis que la méthode de la moyenne des sections donne un résultat trop fort et l'erreur est de $\frac{K^2}{6}$, c'est-à-dire le double de la précédente.

2e *cas* (fig. 85, 86, 87). — Les profils en travers du terrain étant des lignes

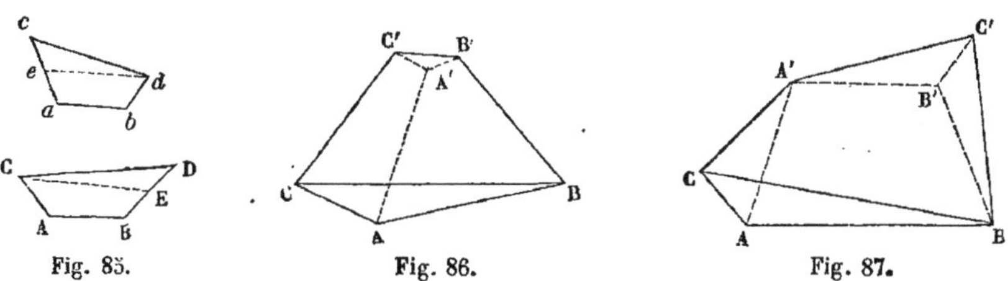

Fig. 85. Fig. 86. Fig. 87.

droites inclinées à l'horizon, menons, par les points les plus bas de chaque profil, des horizontales CE ou *de*, et par ces lignes faisons passer un plan, il laissera au-dessous de lui un solide semblable à celui que nous venons d'évaluer, et, au-dessus, un solide terminé par une surface gauche, et de l'une des deux formes indiquées (*fig.* 86 *ou* 87) selon que les deux profils seront inclinés du même côté ou de côtés différents.

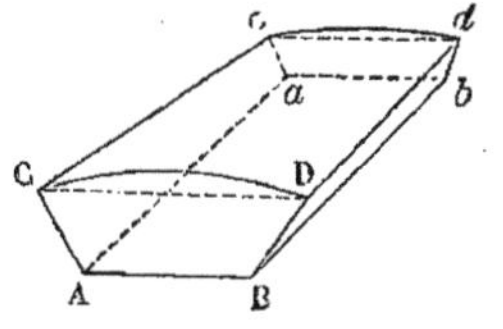

Fig. 88.

Le premier profil a pour base (a) et pour hauteur (h); pour le deuxième profil on a a' et h', la longueur d'entre-profil est l. La surface gauche a pour génératrice une droite parallèle aux plans des profils AB, A'B' et pour directrices les arêtes longitudinales BB', CC' (*fig.* 86) : cherchons la cubature exacte de ce solide, soit $a'=a+nl$ $h'=h+ml$; considérons les sections faites aux distances x et $x+dx$ par des plans parallèles au plan vertical AB, le volume élémentaire compris entre les deux sections sera donné par :

$$\frac{1}{2}(a+nx)\,(h+mx)\,dx,$$

et le solide total sera l'intégrale de celui-ci prise entre o et l,

$$V=\int_o^l \frac{1}{2}(a+nx)\,(h+mx)\,dx=\frac{1}{12}\,[2mnl^2+(am+nh)\,l+6ah]\,;$$

remplaçant (n) et (m) par leurs valeurs $\frac{a'-a}{l}$, $\frac{h'-h}{l}$, il vient :

$$V=\frac{1}{12}(2ah+2a'h'+ah+a'h')\,l.$$

L'aire du profil moyen sera

$$\frac{a+a'}{2}\times\frac{h+h'}{4},$$

de sorte que le cube donné par la méthode de la section médiane sera

$$V_1=\frac{1}{8}(a+a')\,(h+h')\,l,$$

et celui que donne la méthode de la moyenne des sections sera :

$$V_2=\frac{1}{4}(ah+a'h')\,l$$

Si l'on pose $h'=h+k$ et $a'=a+i$, et que l'on substitue dans les trois expressions précédentes du solide, on arrive aux résultats déjà trouvés dans le premier cas, et on vérifie la relation générale

$$V=\frac{2V_1+V_2}{3}.$$

Tables pour la cubature des terrassements. — Quoi qu'il en soit de la rapidité et de l'exactitude plus ou moins grandes des méthodes précédentes, c'est presque toujours par la méthode de la moyenne des sections que l'on opère.

Mais alors, il est nécessaire au préalable de calculer la section de chaque profil en travers, et, vu la forme irrégulière des surfaces, c'est une assez longue opération.

On a, depuis longtemps, eu l'idée de dresser des tables numériques, destinées à fournir les résultats pour une cote rouge et pour une inclinaison du terrain données, de même que la table de Pythagore fournit le produit de deux chiffres à l'intersection de deux colonnes en tête desquelles sont inscrits ces deux chiffres.

Ces tables sont assez nombreuses, nous allons les passer en revue, sans insister sur les détails, que chacun saisira vite lorsqu'il sera forcé de faire les calculs; du reste, toutes ces tables portent avec elles leur explication sur la manière de s'en servir dans tous les cas.

Tables de l'administration, dressées en 1836.

En 1836, il fut dressé, par ordre de l'administration, une table des surfaces de déblai et de remblai pour un profil de route de 10 mètres de largeur entre fossés. Cette table est calculée dans le système imaginé par l'ingénieur Fourier.

Les superficies sont calculées en supposant que le profil de la route est réduit à une horizontale, tracée à une hauteur telle, que les déblais à faire en dessous de cette ligne pour former le fond de l'encaissement soient égaux aux remblais qui seraient nécessaires pour former en dessus les accotements : cette ligne (*mn*) se trouve ordinairement à très-peu près à la hauteur du bord extérieur des accotements (*fig.* 89). En effet, soit C la largeur de la chaussée, (*a*) la largeur de l'accotement qui a une pente de 0,04 par mètre, *c* la profondeur totale de l'encaissement, admettons un bombement de $\frac{1}{50}$ qui existe au fond de l'encaissement comme à la surface de la chaussée, il est facile de vérifier que la partie de terrain laissée au-dessus de (*mn*) sera égale à celle qu'on enlève au-dessous, toutes les fois que l'on aura :

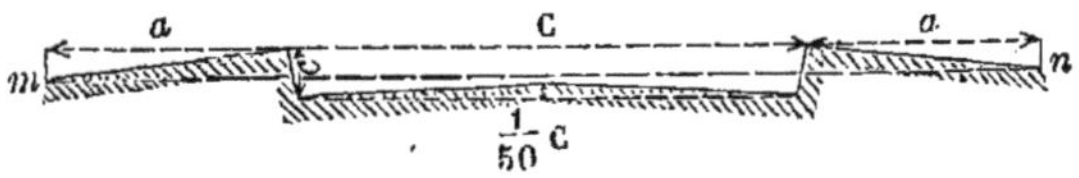

Fig. 89.

$$c = \frac{4a}{100}\left(1+\frac{a}{C}\right)+\frac{C}{100}.$$

Cette relation est satisfaite, pour une route de 8^m de large, présentant 3^m de chaussée et $0^m,20$ d'encaissement; elle l'est encore pour une route de 10^m avec 4^m de chaussée et $0^m,23$ d'encaissement.

Si la relation ci-dessus n'est pas satisfaite, on trouvera la hauteur *h*, dont l'accotement est en remblai à son extrémité extérieure, par rapport à l'horizontale *mn*, en recourant à la formule :

$$h = \frac{\frac{\bar{C}}{2}\left(c-\frac{4a}{100}\right)-\frac{a^2}{50}-\frac{\bar{C}^2}{200}}{a+\frac{C}{2}},$$

qu'il est facile de démontrer sur la figure 89.

Quel que soit du reste le profil adopté, on construira sans peine la ligne cherchée soit par tâtonnement, soit par une équation du premier degré.

La hauteur (*h*) est toujours assez faible ($0^m,03$ ou $0^m,04$ au plus) pour que l'on puisse supposer au fossé sa profondeur totale, d'ordinaire $0^m,50$, au-dessous de la plate-forme théorique. Les résultats du calcul n'en seront pas sensiblement altérés.

Passons aux formules des superficies de déblai et de remblai : la figure 90 indique les notations adoptées :

l, *l'*, *l''* sont des largeurs en mètres,

F surface du fossé au-dessous de la plate-forme théorique,

f largeur du plafond du fossé,

h profondeur du fossé au-dessous de la plate-forme,

y cote rouge CE,

x pente par mètre de la droite qui représente le terrain dans un $\frac{1}{2}$ profil,

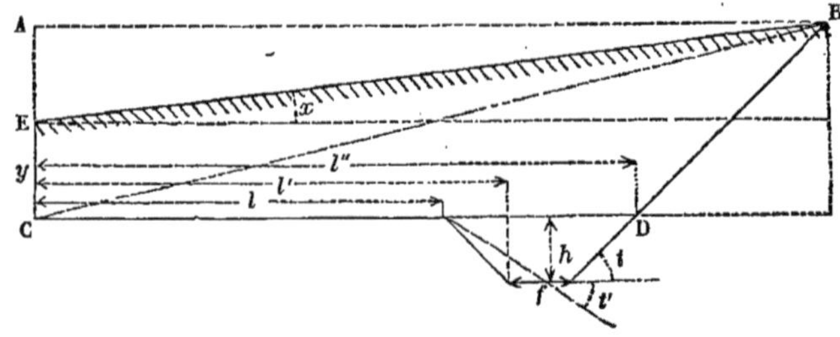

Fig. 90.

t, t' pentes par mètre des talus de déblai et de remblai;
D et R les surfaces en déblai et en remblai.

1° Pour la disposition de la figure 90, y en déblai, x en rampe, on a

$$(1) \qquad D = \frac{(l''t + y)^2}{2(t - x)} - \frac{l''^2 t}{2} + F \qquad R = o$$

La valeur de D s'obtient comme il suit :

$$D = \text{trapèze ABCD} - \text{triangle ABE} = (y + AE)\frac{AB + CD}{2} - \frac{AB \times AE}{2}$$

il n'y a d'inconnu là-dedans que AB et AE. Or

$$AE = AB \times x \qquad AB = CD + DK = l'' + \frac{y + AE}{t} = l'' + \frac{y + (AB \times x)}{t};$$

on tire de là

$$AB = \frac{y + l''t}{t - x} \text{ et } AE = x\frac{y + l''t}{t - x},$$

et l'on en déduit la formule (1).

2° Pour les dispositions de la figure 91, y en déblai, x en pente, on a, suivant les cas, recours à l'une des trois formules suivantes :

$$(2) \begin{cases} \text{si } x < \frac{y}{l}, \quad R = o, \quad D = \frac{(l''t + y)^2}{2(t + x)} - \frac{l''^2 t}{2} + F \\ \text{si } x > \frac{y}{l}, \text{ et } x < \frac{y + h}{l' + f}, \quad R = \frac{(lt - y)^2}{2(t - x)} + \frac{y^2}{2x} - \frac{l^2 t}{2}, \quad D = \frac{(l''t + y)^2}{2(t + x)} + R - \frac{l''^2 t}{2} + F \\ \text{si } x > \frac{y + h}{l' + f}, \quad R = \frac{(ll' - y)^2}{2(t - x} - \frac{l^2 t'}{2} + D, \quad D = \frac{y^2}{2x} \end{cases}$$

3° Soit y en remblai, et x en pente. On a recours, suivant que l'on se trouve en présence de l'une ou de l'autre des dispositions de la figure 92, à l'une ou à l'autre des trois formules suivantes :

$$(3) \begin{cases} x = \text{ou} < \frac{y - h}{l'}, \text{ et } y > h, \quad D = o, \quad R = \frac{(lt' + y)^2}{2(t' + x} - \frac{l^2 t'}{2} \\ x > \frac{y - h}{l'} \quad \text{et } x < \frac{y}{l}, \quad D = \frac{(l''t - y)^2}{2(t - x} + R - \frac{l''^2 t}{2} + F, \quad R = \frac{(lt + y)^2}{2(t + x)} - \frac{l^2 t}{2} \\ x > \frac{y}{l}, \quad D = \frac{(l''t - y)^2}{2(t - x)} + R - \frac{l''^2 t}{2} + F, \quad R = \frac{y^2}{2x} \end{cases}$$

4° Enfin, soit y en remblai, et x en pente, deux cas sont à considérer, comme

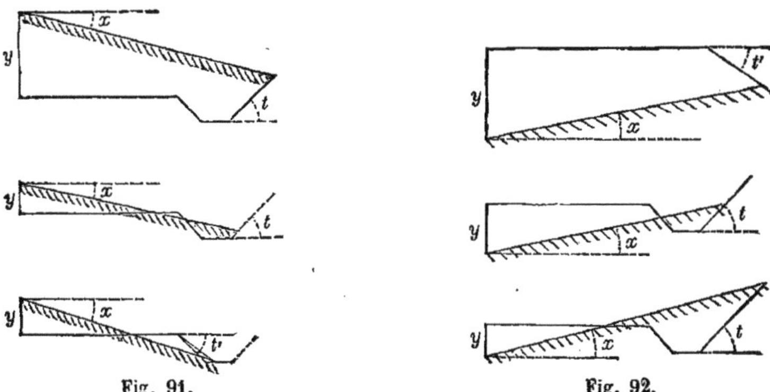

Fig. 91. Fig. 92.

on le voit sur la figure 93, et à ces deux cas correspondent les deux formules suivantes :

$$(4) \begin{cases} x < \dfrac{h-y}{l'+f}, & \mathrm{D} = \dfrac{(l't-y)^2}{2(t+x} + \mathrm{R} - \dfrac{l''^2 t}{2} + \mathrm{F}, \quad \mathrm{R} = \dfrac{(lt+y)^2}{2(t-x)} - \dfrac{l^2 t}{2} \\ x > \dfrac{h-y}{l'+f}, & \mathrm{D} = o, \quad \mathrm{R} = \dfrac{(lt'+y)^2}{2(l'-x)} - \dfrac{l^2 t'}{2}. \end{cases}$$

Tels sont les quatre groupes de formules dont on s'est servi pour obtenir les superficies en déblai et en remblai dans un demi-profil en travers.

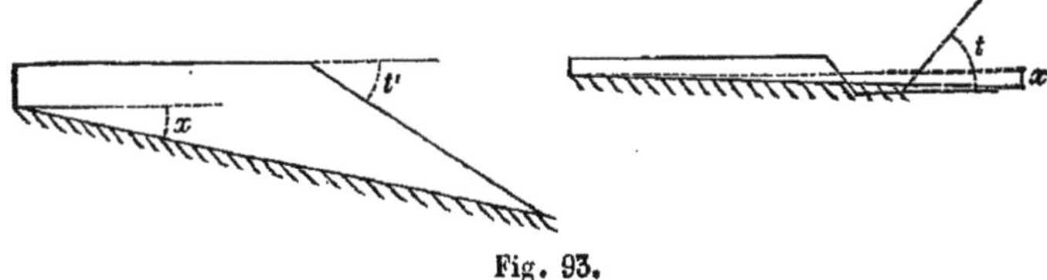

Fig. 93.

Nous avons démontré la première de ces formules ; la démonstration des autres ne présente pas plus de difficulté, c'est toujours par la différence de plusieurs trapèzes et triangles que l'on arrive à la surface cherchée.

Pour appliquer ces formules, à une route de $10^{m},00$ entre les fossés, on fera :

$$l'' = 6^{m},50 \qquad l' = 5^{m},50 \qquad l = 5^{m},00$$
$$h = 0^{m},50 \qquad f = 0^{m},50 \qquad t = 1 \qquad t' = 0,667$$

C'est ainsi qu'on a construit la table dont nous détachons la feuille ci-contre ; voici comment on trouvera les superficies cherchées :

Supposons que la cote rouge soit de $0^{m},09$, nous cherchons la page qui porte en tête ce chiffre $0^{m},09$; si la cote est en déblai, le terrain du demi-profil est en rampe ou en pente, ce qui correspond à la deuxième colonne de gauche, ou aux deux suivantes, comme l'indiquent les signes que l'on voit en tête de la page. Admettons une rampe de $0^{m},15$, il n'y aura dans le demi-profil que du déblai dont la superficie, inscrite à la colonne 2, est de $4^{mm},92$. Admettons, au contraire, une pente de $0^{m},15$, il y aura une superficie de déblai égale à $0^{mm},02$ (colonne 3), et une superficie de remblai égale à $1^{mm},86$ (colonne 4).

La cote rouge est-elle en remblai sur l'axe, c'est la demi-page de droite qui fournira le résultat :

0,09, DÉBLAI SUR L'AXE.

INCLINAISON PAR MÈTRE.	RAMPE. — DÉBLAI.	PENTE DÉBLAI.	PENTE REMBLAI.
0.000	1.09	1.09	
0.005	1.20	0.98	
0.010	1.31	0.87	
0.015	1.42	0.77	
0.020	1.53	0.66	
0.025	1.65	0.58	0.02
0.030	1.76	0.52	0.06
0.035	1.88	0.47	0.10
0.040	1.99	0.41	0.16
0.045	2.11	0.37	0.21
0.050	2.23	0.33	0.27
0.055	2.35	0.29	0.32
0.060	2.47	0.25	0.39
0.065	2.60	0.22	0.45
0.070	2.72	0.19	0.52
0.075	2.85	0.16	0.58
0.080	2.98	0.14	0.65
0.085	3.10	0.11	0.72
0.090	3.24	0.09	0.79
0.095	3.37	0.06	0.86
0.100	3.50	0.04	0.98
0.110	3.77	0.04	1.14
0.120	4.05	0.03	1.31
0.130	4.33	0.03	1.48
0.140	4.62	0.03	1.67
0.150	4.92	0.02	1.86
0.160	5.22	0.02	2.07
0.170	5.54	0.02	2.26
0.180	5.85	0.02	2.48
0.190	6.18	0.02	2.71
0.200	6.52	0.02	2.94
0.210	6.86	0.02	3.19
0.220	7.21	0.02	3.45
0.230	7.58	0.02	3.75
0.240	7.95	0.01	4.00
0.250	8.33	0.01	4.30

REMBLAI SUR L'AXE, 0,09

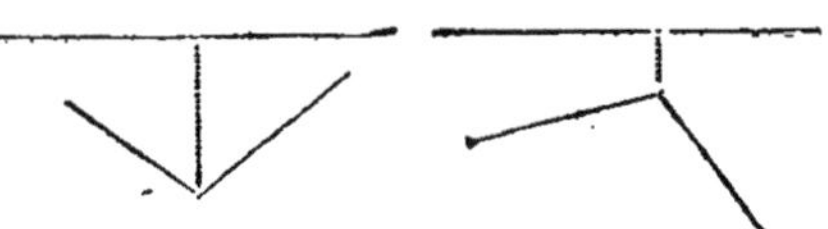

RAMPE DÉBLAI.	RAMPE REMBLAI.	PENTE DÉBLAI.	PENTE REMBLAI.
0.37	0.45	0.37	0.45
0.41	0.39	0.33	0.52
0.45	0.32	0.30	0.58
0.49	0.26	0.26	0.65
0.54	0.20	0.23	0.72
0.60	0.16	0.20	0.79
0.69	0.14	0.17	0.85
0.77	0.12	0.14	0.92
0.87	0.10	0.12	0.99
0.97	0.09	0.10	1.06
1.08	0.08	0.08	1.13
1.18	0.07	0.05	1.21
1.29	0.07	0.03	1.28
1.40	0.06	0.02	1.35
1.52	0.06		1.48
1.63	0.05		1.56
1.75	0.05		1.65
1.87	0.05		1.73
1.99	0.04		1.82
2.11	0.04		1.91
2.24	0.04		2.00
2.49	0.03		2.18
2.75	0.03		2.38
3.01	0.03		2.58
3.29	0.03		2.79
3.57	0.02		3.00
3.86	0.02		3.23
4.15	0.02		3.46
4.45	0.02		3.70
4.75	0.02		3.95
5.07	0.02		4.21
5.40	0.02		4.49
5.6[illegible]	0.02		4.77
5.98	0.02		5.07
6.42	0.01		5.39
6.77	0.01		5.72

Tables de Monsieur Lalanne. — Vers 1838, M. Léon Lalanne, ingénieur et depuis inspecteur général des ponts et chaussées, fut invité par l'administration à dresser de nouvelles tables, plus complètes que les précédentes.

Ces dernières ont le désavantage de ne pouvoir servir que dans des limites très-restreintes, à moins qu'on ne leur donne des dimensions incommodes, d'où résulterait une dépense considérable.

De plus, elles ne fournissent point la largeur de la bande de terrain occupée par la route, ce qu'on appelle l'emprise représentée par l'horizontale AB de la figure 90. Avec les tables de 1836, il faut, pour déterminer l'emprise, construire les profils en travers à une échelle donnée et mesurer au double décimètre la longueur AB.

Les tables de M. Lalanne sont beaucoup plus complètes, mais elles ne donnent les superficies que par addition ou soustraction; les tables de 1836 donnent ces quantités directement; on doit donc s'en servir toutes les fois que l'on se trouve dans les limites qu'elles comprennent.

Nous avons donné au paragraphe précédent les neuf formules générales, exprimant les superficies et réunies en quatre groupes : nous allons compléter les éléments du calcul en réunissant ici les formules d'emprise qui correspondent à ces quatre groupes de valeur d'y et d'x :

1° *y en déblai, x en rampe*, l'emprise $L=\frac{l''t+y}{t-x}$; c'est précisément la valeur de AB, comme nous l'avons démontré plus haut :

2° y en déblai, x en pente :

$$\left.\begin{array}{l} x<\frac{y}{l} \\ \text{ou } x>\frac{y}{l} \text{ et} <\frac{y+h}{l'+f} \end{array}\right\} L=\frac{l''t+y}{t+x}$$

$$x>\frac{y+h}{l'+f}. \qquad L=\frac{lt'-y}{t'-x}$$

3° y en remblai, x en rampe :

$$\left.\begin{array}{l} x<\frac{y-h}{l'} \text{ avec } y>h \\ x>\frac{y-h}{l'} \text{ et} <\frac{y}{l} \end{array}\right\} L=\frac{l''t-y}{t-x}$$

$$x>\frac{y}{l} \qquad L=\frac{lt'+y}{t'+x}$$

4° y en remblai, x en pente :

$$x<\frac{h-y}{l'+f} \qquad L=\frac{lt'+y}{t'-x}$$

$$x>\frac{h-y}{l'+f} \qquad L=\frac{l''t-y}{t+x}$$

Ceci posé, M. Lalanne calcule les superficies en calculant séparément chacun des termes de leur formule, et les emprises s'obtiennent en une seule fois, puisqu'elles sont exprimées par un seul terme.

Il remarque que le nombre des éléments variables qui entrent dans les for-

TYPE DE LA ...

y	$\text{Log.}\,\frac{1}{2}y$	$\text{Log.}\,2y$	y^2	$\text{Log.}\,y^2$	1.00	1.33	1.50	1.67	2.00	2.33	2.50	2.67	3.
					+	—	—	—	—	—	—	—	
1.02	$\bar{1}$.7075702	0.3096302	1.0404	0.0172003	0.02	0.31	0.48	0.65	0.98	1.31	1.48	1.65	1.
1.04	$\bar{1}$.7160033	0.3180633	1.0816	0.0340667	0.04	0.29	0.46	0.63	0.96				
1.06	$\bar{1}$.7242759	0.3263359	1.1236	0.0506117	0.06	0.27	0.44	0.61	0.94				
1.08	$\bar{1}$.7323938	0.3344538	1.1664	0.0668475	0.08	0.25	0.42	0.59	0.92				
1.10	$\bar{1}$.7403627	0.3424227	1.2100	0.0827854	0.10	0.23	0.40	0.57	0.90				
1.12	$\bar{1}$.7481880	0.3502480	1.2544	0.0984360	0.12	0.21	0.38	0.55	0.88				
1.14	$\bar{1}$.7558749	0.3579348	1.2996	0.1138097	0.14	0.19	0.36	0.53	0.86				
1.16	$\bar{1}$.7634280	0.3654880	1.3456	0.1289160	0.16	0.17	0.34	0.51	0.84				
1.18	$\bar{1}$.7708520	0.3729120	1.3924	0.1437640	0.18	0.15	0.32	0.49	0.82				
1.20	$\bar{1}$.7781512	0.3802112	1.4400	0.1583625	0.20	0.13	0.30	0.47	0.80	1.13	1.30	1.47	1
y	$\text{Log.}\,\frac{1}{2}y$	$\text{Log.}\,2y$	y^2	$\text{Log.}\,y^2$	1.00	1.33	1.50	1.67	2.00	2.33	2.50	2.67	3

TYPE DE LA T

x	$\text{Log.}\,\frac{1}{2x}$	$\text{Log.}\,\frac{1}{2(\frac{1}{2}+x)}$	$\text{Log.}\,\frac{1}{2(\frac{1}{2}-x)}$	$\text{Log.}\,\frac{1}{2(\frac{2}{3}+x)}$	$\text{Log.}\,\frac{1}{2(\frac{2}{3}-x)}$	Log. 2
0.303	0.2175274	$\bar{1}$.7942545	0.4045038	$\bar{1}$.7124222	0.1384656	$\bar{1}$.5
0.306	0.2132486	$\bar{1}$.7926350	0.4111683	$\bar{1}$.7110804	0.1420647	$\bar{1}$.5
0.408	0.0883098	$\bar{1}$.7408842	0.7351822	$\bar{1}$.6677636	0.2865095	$\bar{1}$.5
0.411	0.0851282	$\bar{1}$.7394516	0.7495800	$\bar{1}$.6665527	0.2915791	$\bar{1}$.5
0.414	0.0819697	$\bar{1}$.7380238	0.7644715	$\bar{1}$.6653452	0.2967086	$\bar{1}$.5
0.417	0.0788339	$\bar{1}$.7366007	0.7798919	$\bar{1}$.6641411	0.3018994	$\bar{1}$.5
0.420	0.0757207	$\bar{1}$.7351822	0.7958800	$\bar{1}$.6629403	0.3071531	$\bar{1}$.5
0.423	0.0726296	$\bar{1}$.7337683	0.8124793	$\bar{1}$.6617428	0.3124710	$\bar{1}$.5
x	$\text{Log.}\,\frac{1}{2x}$	$\text{Log.}\,\frac{1}{2(\frac{1}{2}+x)}$	$\text{Log.}\,\frac{1}{2(\frac{1}{2}-x)}$	$\text{Log.}\,\frac{1}{2(\frac{2}{3}+x)}$	$\text{Log.}\,\frac{1}{2(\frac{2}{3}-x)}$	Log. 2

LALANNE

.67	4.00	4.33	4.50	4.67	5.00	5.33	5.50	6.00	6.50	7.00	7.50	8.00	8.50	9.00	9.50	10.00
—	—	—	—	—	—	—	—	—	—	—	—	—	—	—	—	—
.65	2.98	3.31	3.48	3.65	3.98	4.31	4.48	4.98	5.48	5.98	6.48	6.98	7.48	7.98	8.48	8.98
.47	2.80	3.13	3.30	3.47	3.80	4.13	4.30	4.80	5.30	5.80	6.30	6.80	7.30	7.80	8.30	8.80
.67	4.00	4.33	4.50	4.67	5.00	5.33	5.50	6.00	6.50	7.00	7.50	8.00	8.50	9 00	9.50	10.00

LALANNE

$-x)$	Log. $\frac{1}{2(2+x)}$	Log. $\frac{1}{2(2-x)}$	Log. $\frac{1}{2(6+x)}$	Log. $\frac{1}{2(6-x)}$	Log. $\frac{1}{2(10+x)}$	Log. $\frac{1}{2(10-x)}$
372	$\bar{1}$.3366761	$\bar{1}$.4692882	$\bar{2}$.2894227	$\bar{2}$.9433258	$\bar{2}$.6860063	$\bar{2}$.7123326
483	$\bar{1}$.3173135	1.4970269	$\bar{2}$.8922475	$\bar{2}$.9314028	$\bar{2}$.6816027	$\bar{2}$.7170608
420	$\bar{1}$.3151546	$\bar{1}$.5003129	$\bar{2}$.8914350	$\bar{2}$.9323358	$\bar{2}$.6811023	$\bar{2}$.7176045
942	$\bar{1}$.3146166	$\bar{1}$.5011383	$\bar{2}$.8912321	$\bar{2}$.9325694	$\bar{2}$.6809773	$\bar{2}$.7177405
$-x)$	Log. $\frac{1}{2(2+x)}$	Log. $\frac{1}{2(2-x)}$	Log. $\frac{1}{2(6+x)}$	Log. $\frac{1}{2(6-x)}$	Log. $\frac{1}{2(10+x)}$	Log. $\frac{1}{2(10-x)}$

mules générales, est très-peu considérable ; ces éléments sont : 1° dans les superficies

$$y^2, \quad (lt \pm y)^2, \quad (lt' \pm y)^2, \quad (l''t \pm y)^2$$

pour les numérateurs, et

$$2x \quad 2(t \pm x), \quad 2(t' \pm x)$$

pour les dénominateurs ;

2° dans les emprises, $lt' \pm y$, $l''t \pm y$, pour les numérateurs ; $t \pm x$, $t' \pm x$ pour les dénominateurs.

« On conçoit donc, dit M. Lalanne, l'avantage qu'il y aurait à se servir de tables où toutes les valeurs de ces éléments se trouveraient renfermées, de sorte que pour le calcul d'une expression fractionnaire, telle que $\frac{(A \pm y)^2}{2(B \pm x)}$, (où A et B sont des nombres constants déterminés d'avance), on n'aurait plus qu'une division à opérer, et que l'on se trouverait dispensé des additions ou soustractions indiquées dans les deux termes, de l'élévation au carré du numérateur et de la multiplication par 2 du dénominateur.

Les nouvelles tables que l'on présente ici simplifient encore bien plus le calcul ; car il suffit d'ajouter le nombre qui, dans la table I, correspond au numérateur, avec le nombre qui, dans la table II, correspond au dénominateur, et de chercher, dans les tables ordinaires de logarithmes, le nombre correspondant à la somme obtenue, pour avoir la valeur exacte de l'expression fractionnaire cherchée. C'est ce qui va être expliqué en détail.

Manière de chercher dans les nouvelles tables.

Pour avoir le nombre correspondant à un numérateur tel que $(A \pm y)^2$ ou $(A \pm y)$, on observera d'abord que la partie constante A doit se trouver parmi les nombres 1,00, 1,33, 1,50, 1,67, etc., qui occupent la première ligne horizontale et la droite de la table I. On cherchera, dans les différentes pages de cette table, celle où la cote variable y, avec son signe, se trouve dans la colonne verticale qui commence par A ; puis on suivra la ligne horizontale sur laquelle est posée cette cote, jusqu'à la rencontre de la colonne verticale intitulée Log. y^2 pour $(A \pm y)^2$ ou de la colonne Log. $2y$ pour $(A \pm y)$, dans laquelle on trouvera le nombre cherché. Les signes + et —, placés en haut et en bas des colonnes verticales qui renferment les éléments variables, s'appliquent à tous les nombres qui sont immédiatement au-dessous ou au-dessus, sauf les changements de signe toujours indiqués par une forte ligne horizontale qui sépare les nombres affectés du signe + des nombres affectés du signe —.

Exemple : on demande le nombre correspondant à $(1,33 - 0,21)^2$. A la page 4 de la table I, on descendra jusqu'au nombre 0,21, dans la colonne verticale qui commence par 1,33, et en haut de laquelle se trouve le signe — ; le nombre 0,0984360, placé sur la même ligne horizontale que 0,21 et dans la colonne verticale intitulée Log. y^2, sera le nombre cherché. On aurait eu 0,3502480 pour 1,33 — 0,21.

Souvent, il sera commode de remonter au lieu de descendre dans une colonne verticale.

L'usage de la table II est aussi facile. Lorsque l'on a un dénominateur tel que $2(B \pm x)$, on cherche d'abord x dans la première colonne verticale à gauche ; on suit la ligne horizontale qui commence par x jusqu'à la rencontre de la colonne verticale qui est intitulée Log. $\frac{1}{2(B \pm x)}$; le nombre placé dans cette colonne est le nombre cherché.

Exemple : on demande le nombre correspondant au dénominateur $2(\frac{2}{3} - 0,411)$. On trouvera 0,411 dans la première colonne verticale de la page 40 : on suivra la colonne horizontale qui commence par ce nombre jusqu'à la rencontre de la colonne Log. $\frac{1}{2(\frac{2}{3} - x)}$, et 0,2915791 est le nombre cherché. »

Tables de M. Lefort. — En 1863, M. Lefort, ingénieur en chef des ponts et chaussées a dressé de nouvelles tables qui donnent : 1° les surfaces de déblai et de remblai, 2° les largeurs d'emprises, 3° les longueurs de talus, relatives à une route de 8^m,00 de largeur entre fossés, pour des cotes sur l'axe variant de 0^m à 15^m, et pour des déclivités du profil transversal variant de 0,00 à 0,25.

M. Lefort a recours aux formules que nous avons démontrées plus haut, il remarque qu'on peut leur donner la forme synthétique suivante, pour une déclivité constante du terrain :

$$\text{largeur d'emprise } L = f(z), \quad \text{superficies } S = F(z).$$

z est la cote rouge, la fonction f est du premier degré, et par suite sa dérivée première est constante, F est du deuxième degré et par suite sa dérivée seconde est constante.

Les nombres successifs s'obtiennent par le calcul des différences, en remarquant que l'on a :

$$\Delta' f(z) = f'(z) \times \Delta z, \qquad \Delta' F(z) = F'(z) \times \Delta z + F''(z) \times \frac{(\Delta z)^2}{2}, \qquad \Delta'' F(z) = F''(z)(\Delta z)^2$$

Nous n'avons pas à expliquer la manière dont on se sert des tables ; elles sont à double entrée ; la cote rouge et la déclivité du terrain. — Les parties proportionnelles y sont inscrites, comme pour les tables de logarithmes, de sorte qu'on peut trouver, par interpolation, le résultat correspondant à des nombres compris entre deux nombres successifs de la table.

En terminant, nous citerons, pour mémoire, les tables dressés en 1846 par M. Macaire, conducteur des ponts et chaussées, tables dont l'usage ne s'est pas conservé.

Tableaux graphiques. — Les tables numériques ne constituent pas encore un mode de calcul très-rapide et on a eu l'idée de représenter par des courbes ou tableaux graphiques les équations qui donnent les surfaces de déblai et de remblai et les largeurs d'emprise.

Un des plus connus parmi ces tableaux fut construit par M. Davaine, ingénieur en chef des ponts et chaussées.

Voici dans quels termes M. Davaine, dans son mémoire, expose la construction de son tableau graphique :

« Soit qu'il s'agisse d'une route ordinaire, d'un chemin de fer ou d'un canal, le profil transversal (fig. 1, pl. VI) du projet présente presque toujours une plate-forme horizontale BB′, comprise entre deux talus BA, B′A′, d'inclinaison constante.

« Si par l'axe C, de la plate-forme, on mène une verticale CD, elle divisera la section, soit du déblai, soit du remblai, en deux figures CDAB, CDA′B′ quadrilatères ayant : 1° un côté vertical CD, égal à la hauteur de la plate-forme au-dessus ou au-dessous du terrain naturel, dans l'axe du trajet ; 2° un côté horizontal CB, CB′ égal à la demi-largeur de la plate-forme; 3° un côté BA, B′A′ ayant sur celui-ci la même inclinaison que le talus avec l'horizon; et 4° enfin un côté DA, D′A′ ayant la pente transversale du terrain.

« Ce quatrième côté coupe le troisième en un point A, A′, dont il importe d'avoir la distance AP, A′P′ à la verticale; cette distance est celle du pied ou de la crête du talus à l'axe du projet.

« Le second élément, que la construction des profils en travers a pour but de procurer, c'est la section du déblai ou du remblai.

« Or on peut, à l'aide d'un seul tableau, pour une inclinaison de talus et une largeur de plate-forme déterminées, donner sans confusion ces deux résultats pour les demi-profils tels que ceux que nous venons de définir.

« Pour fixer les idées, nous considérerons, dans les figures 1 et 2, planche VI, ceux de ces demi-profils dont les lettres ne sont pas accentuées.

« Il suffit, pour construire le tableau en question, d'observer que si, dans le demi-profil, on prolonge la section du talus jusqu'à la verticale en S, on aura formé un triangle SCB adjacent au quadrilatère ABCD; les trois côtés de ce triangle seront d'une part la verticale CS, d'autre part l'horizontale BC, égale à la demi-largeur de la plate-forme, et en troisième lieu, la droite BS, en prolongement du talus.

« Ce triangle sera constant pour tous les demi-profils, et, en l'ajoutant au quadrilatère :

« 1° On n'aura pas modifié la distance AP de l'axe à laquelle se trouve le pied ou la crête du talus ;

« 2° On aura ajouté au quadrilatère une superficie constante BCS;

« 3° On aura transformé ce quadrilatère en un triangle ADS, ayant un côté DS, vertical égal à la hauteur au-dessus ou au-dessous du niveau du sol, à laquelle l'axe du projet est rencontré par le prolongement du talus ; un second côté SA d'une inclinaison constante; c'est celle du talus; un troisième côté DA d'inclinaison variable : c'est celle du terrain.

« Menant par le point de rencontre D, de l'axe et du terrain, une parallèle à l'inclinaison du talus et la terminant à la rencontre de la verticale, qui passe en A, on aura transformé le triangle SDA en un parallélogramme SDS′A de surface double, et qui aura cette propriété caractéristique que ses côtés seront ou verticaux, ou parallèles au talus, c'est-à-dire que les angles de ce parallélogramme seront constants, quel que soit le quadrilatère qu'il comprenne.

« Or, si l'on prend pour l'axe des ordonnées la verticale AS′, et pour l'axe des abscisses l'inclinaison AS du talus, et que l'on trace les hyperboles dont ces lignes seraient les asymptotes, chaque hyperbole aura, comme l'on sait, la propriété suivante : que, si de l'un quelconque de ses points on mène des parallèles aux asymptotes, le parallélogramme compris entre ces parallèles et les asymptotes aura une superficie constante.

« On pourra donc écrire sur la courbe, à l'aide d'un nombre unique, la superficie de tous les parallélogrammes qui y ont leur sommet D; si l'on n'écrit qu'un nombre moitié moindre, il exprimera la superficie du triangle compris entre la verticale, le talus et le terrain naturel; si de ce nombre on a retranché l'expression de la superficie du triangle constant BCS, compris entre la verticale, la plate-forme et le talus du projet, on aura écrit la superficie du quadrilatère, qui représente la section du déblai ou du remblai.

« Quant à la distance AP du pied ou de la crête du talus à l'axe du projet, elle pourra se lire directement sur le tableau, si l'on a eu soin d'y tracer une ligne horizontale servant d'échelle, dont le zéro soit à la rencontre de la verticale AS', et que par chacune des divisions de cette échelle on ait mené une parallèle à la verticale.

« Le tableau n'est pas destiné seulement à abréger les calculs, mais encore à supprimer le dessin des profils en travers, il reste à indiquer comment on peut y appliquer le demi-profil, ou, ce qui suffit, y trouver la position du point D, connaissant la pente transversale du terrain et la hauteur du déblai ou du remblai dans l'axe.

« Observons d'abord qu'il suffit de tracer sur le tableau, autour du point A, des lignes droites d'inclinaison régulièrement croissantes ou décroissantes pour qu'il soit facile de suivre de l'œil ou du doigt l'inclinaison AD du profil à calculer.

« Seulement, comme, si le terrain monte à partir de l'axe vers l'extrémité du talus, il descend de l'extrémité du talus vers l'axe, il faut, dans l'application, porter, à partir du point A, les pentes en rampes et les rampes en pentes.

« On connaîtra donc une des lignes AD sur lesquelles est le point D.

« La seconde ligne sera sur la ligne S'D, parallèle à l'axe des abscisses.

« Pour éviter d'avoir à la tracer, on divisera l'axe AS' des ordonnées en parties égales à l'échelle de la figure, et par chacun des points de division, on mènera une parallèle à l'axe AS des abscisses.

« Pour trouver celle de ces droites qui correspond au point D, il suffit d'observer que si l'on mène par le point C une parallèle CO à l'axe des abscisses AS, on aura OA = CS = une quantité constante, S'O = DC qui est la hauteur à laquelle le terrain est au-dessus ou au-dessous du projet dans l'axe, hauteur donnée.

« Il y a un cas où les chiffres du tableau exigent une correction : c'est celui qu'indiquent les figures 3 et 4, planche VI, celui où l'extrémité du talus est en déblai ou en remblai, quand l'axe est en remblai ou en déblai.

« Dans ce cas, pour appliquer le tableau, il faut considérer le demi-profil comme en déblai ou en remblai, selon que le talus se termine lui-même en déblai ou en remblai; porter négativement à partir du zéro, sur l'axe des ordonnées, la hauteur du remblai ou du déblai dans l'axe du projet; alors la distance de l'extrémité du talus à l'axe du projet est encore donnée exactement par le tableau, mais la section du demi-profil ne l'est plus.

« La courbe sur laquelle tombe le point D porte un nombre qui donne la superficie du triangle ADS diminuée de celle du triangle BCS; on a donc retranché de trop la superficie du triangle KCD, et il faudra ajouter cette superficie au nombre donné par le tableau pour avoir celle des sections du déblai ou du remblai que l'on comptait y trouver.

« Quant au triangle KCD, le calcul que l'on en aura fait a une double utilité, puisqu'il donne la section du remblai ou du déblai entre l'axe et le point où la plate-forme rencontre le niveau du sol.

« Le tableau ne donne pas, il est vrai, cette section directement, mais il dispense de construire le triangle pour la calculer.

« La hauteur CD en est connue, et si sur l'horizontale AM qui passe par le poin A, on promène la pointe d'un compas dont l'autre pointe en soit écartée de l: largeur CD, ces deux pointes étant dirigées suivant une normale à AM, quand l: seconde coupera la ligne AD, la première sera sur AM, en un point C′ tel que l: distance C′A soit égale à CK; c'est la base du triangle KCD.

« A ce qui précède, on peut objecter que, pour user du tableau, il faut savoi *à priori* si le talus se termine près du sol en déblai ou en remblai, tandis que le: données sont seulement la pente transversale du terrain et la hauteur du débla ou du remblai sur l'axe.

« Mais le tableau fait connaître quand il y a sur la plate-forme passage d du déblai au remblai ou réciproquement; le point D s'y place alors à une distanc de l'axe AO des ordonnées moindre que la demi-largeur CB de la plate-form et l'on est averti qu'il faut passer du cas du déblai à celui du remblai ou réciproquement.

« On a supposé ci-dessus qu'il y avait deux tableaux distincts, l'un pour le: déblais, l'autre pour les remblais.

« C'est ce qu'il conviendra en effet de faire quand le talus des déblais ne ser: pas le même que celui des remblais. Mais quand les talus seront les mêmes, o pourra confondre les deux tableaux en observant :

« 1° Que si c'est celui des profils en déblais que l'on conserve, il faudra, pou: l'appliquer aux profils en remblais supposer que ceux-ci soient renversés et réciproquement.

« 2° Que si la plate-forme du déblai n'est pas la même que celle du remblai, i faudra que l'axe des ordonnées porte deux zéros, l'un pour les déblais, l'autr pour les remblais et les courbes; deux séries de nombres, l'une pour les déblais l'autre pour les remblais. »

Si l'on veut jeter les yeux sur le tableau graphique (*fig.* 5, *pl.* VI) et le comparer à la figure 1, planche VI, on voit que la verticale AS′ est représentée pa l'horizontale supérieure du tableau, et la droite AS est la ligne qui coupe à 45 l'angle supérieur de gauche; les inclinaisons du terrain correspondent à de lignes rayonnantes émanant du sommet A du tableau.

Supposons un déblai dont la cote rouge est de 2 mètres, cette cote rouge est l ligne DC de la figure 122; et la hauteur DS est égale à 9 mètres. Admettons, e outre que le terrain soit en rampe de $0^{m},20$; quel sera pour le demi-profil l superficie du déblai.

Nous suivrons la seconde échelle horizontale supérieure, intitulée « Déblais hauteur du terrain naturel dans l'axe du projet au-dessus de l'intersection de talus; » nous chercherons la division neuf de cette échelle, et nous suivrons l'ordonnée inclinée à 45° jusqu'à la rencontre de la droite qui joint le sommet A la division $0^{m},20$ de l'échelle horizontale que l'on voit au bas du tableau. L point de rencontre se trouve entre l'hyperbole marquée 50 et l'hyperbol marquée 52; on peut évaluer à l'œil la superficie du déblai, qui sera d'environ $50^{m},5$.

Si l'on veut en outre la largeur d'emprise, on suivra la ligne horizontal depuis le point de rencontre ci-dessus défini jusqu'à l'échelle verticale de gauche l'on trouvera que la largeur d'emprise est égale à $11^{m},25$ pour le demi-profil Les dimensions du tableau graphique que nous donnons sont beaucoup tro faibles, et il serait pénible de s'en servir : pour qu'il devînt commode, il faudrai lui donner des dimensions beaucoup plus considérables, et construire les ordonnées et les courbes avec des couleurs alternativement variées.

Tableaux graphiques de M. Lalanne. Anamorphoses. — M. l'inspecteur général Lalanne, si expert en ces questions, adresse au tableau graphique de M. Davaine les critiques suivantes :

1° Les superficies sont fournies par des hyperboles, ayant mêmes asymptotes, et très-difficiles à tracer avec exactitude;

2° Dans certaines parties de la figure, les lignes inclinées à 45°, parallèles à l'une des asymptotes des hyperboles, se confondent sur une certaine longueur avec ces courbes qu'elles coupent très-obliquement, et la lecture est loin d'être précise; c'est là un désavantage notable des tables de M. Davaine sur les tables à coordonnées rectangulaires.

3° Il est nécessaire, quoi qu'en dise M. Davaine, d'avoir deux tableaux : un pour les déblais, un pour les remblais. Car on ne saurait admettre que le talus de déblai est le même que le talus de remblai. On adopte généralement pour celui-ci l'inclinaison à 3 de base pour 2 de hauteur, tandis que le talus usuel de déblai est à 45°.

4° Le tableau graphique de M. Davaine n'est réellement pratique que pour des demi-profils, tout en déblai, ou tout en remblai; car, la construction géométrique, qu'il indique pour déterminer les surfaces de déblai et de remblai d'un profil mixte, est complexe et donnerait lieu à bien des erreurs. Encore ne s'applique-t-elle pas à tous les cas possibles.

Le nombre de ces profils mixtes est beaucoup plus considérable qu'on ne le croirait au premier abord. Il résulte de l'expérience qu'on en rencontre au moins un sur six.

Ayant montré tous les inconvénients de la méthode de M. Davaine, M. Lalanne la transforme par les procédés de la géométrie anamorphique, et c'est cette transformation que nous allons exposer :

Soit y la cote rouge, p la déclivité du terrain, z la superficie de déblai ou de remblai, l l'emprise, nous avons vu plus haut que z et l étaient déterminés par les formules ci-après :

$$(1) \qquad z=\frac{(\mathrm{A}+y)^2}{2(t\pm p)}-\mathrm{C}, \qquad l=\frac{\mathrm{A}+y}{t\pm p},$$

la quantité C étant une constante qui dépend du profil de la route.

La valeur de l donne, en chassant le numérateur, la relation

$$(2) \qquad \mathrm{A}+y-lt=\pm lp;$$

Choisissons pour axes de coordonnées une horizontale sur laquelle on portera les valeurs de l, et une verticale sur laquelle on portera des ordonnées y' ayant pour valeur

$$y'=\mathrm{A}+y-lt,$$

l'équation (2) deviendra

$$(3) \qquad y'=\pm lp,$$

ce qui représente une droite inclinée sur l'horizon de la quantité (p), c'est-à-dire parallèle au terrain naturel.

Si maintenant on élimine ($t\mp p$) entre les deux équations (1), il viendra

$$l(\mathrm{A}+y)=2(z+\mathrm{C}),$$

ou bien, ce qui revient au même,

$$(4) \qquad l(y'-lt)=2(z+\mathrm{C}),$$

équation qui représente une série d'hyperboles ayant leurs asymptotes communes, savoir : l'axe vertical des y' et une droite inclinée de t au-dessous de l'horizon.

Le système des équations (1) s'est transformé dans le système équivalent des équations (2) (3) (4) ; les racines données par ce dernier système sont les mêmes que celles du premier, et l'on reconnaît que l'hyperbole représentée par l'équation (4), la droite représentée par l'équation (3), émanant de l'origine et parallèle au terrain naturel, ainsi que la droite représentée par l'équation (2) se coupent en un seul et même point, dont les coordonnées sont

$$l=\frac{A+y}{t\pm p} \qquad \text{et } y'=\frac{A+y}{t\pm p}p.$$

Si le lecteur veut se reporter au tableau graphique de M. Davaine, il verra que ce sont précisément ces trois lignes qui fournissent la superficie et l'emprise d'un demi-profil donné.

Les équations précédentes expriment en géométrie analytique ce que M. Davaine avait trouvé par la géométrie pure.

Passons à la transformation de ces formules :

Soit (*fig.* 1, *pl.* VII) Ay l'axe vertical correspondant à la ligne AS' de la figure 1, planche VI, axe sur lequel on compte les cotes rouges ; et soit Ax un axe incliné sur l'horizon de la quantité t, cet axe correspond à la ligne AS de la même figure, et la pente t est celle du talus qu'on donne à la route. Menons la ligne AC, dont la pente p est celle du terrain naturel ; cette ligne rencontre en M l'hyperbole dont la cote z est égale à la superficie du profil considéré, et, si par ce point M, on mène la verticale MP, la longueur horizontale AP mesurera l'emprise. C'est là le principe du tableau de M. Davaine.

L'équation de l'hyperbole z est facile à trouver, si l'on se rappelle que le parallélogramme MRAQ possède une aire constante ; exprimons donc que le triangle AMR, moitié du parallélogramme précédent, et égal à la superficie du profil (voy. *fig.* 1, *pl.* VI), est aussi d'une aire constante, laquelle aire est mesurée par z, nous aurons

$$\frac{1}{2}\cdot \text{MR}\times\text{RA}\times\sin\text{MRA}=z=\frac{1}{2}x.y.\ \sin(y\text{A}x),$$

or la tangente de l'angle HAx est égal à t, donc $\sin(y\text{A}x)=\dfrac{1}{\sqrt{1+t^2}}$ et la formule devient

$$\left.\begin{aligned} z&=\frac{xy}{2\sqrt{1+t^2}} \\ \text{on a de même}\qquad l&=\frac{x}{\sqrt{1+t^2}}\end{aligned}\right\}(a)$$

Supposons que l'on construise (*fig.* 2, *pl.* VII) une figure analogue à la précédente, mais avec un talus A'x' incliné à t' de base pour 1 de hauteur, on aurait, pour les hyperboles et les emprises, les équations :

$$(b)\qquad z'=\frac{x'y'}{2\sqrt{1+t'^2}} \qquad \text{et } l'=\frac{x'}{\sqrt{1+t'^2}}$$

Après cette anamorphose, la ligne A'C' ne conserve plus la même déclivité, et cela se comprend, vu la déformation de la figure. Cherchons la relation qui lie la nouvelle déclivité p' à l'ancienne p ; soit A'P'=AP=1, alors PR=t, P'R'=t', PM=p et P'M'=p'.

Mais si l'on n'a pas changé l'échelle des largeurs dans l'anamorphose, on aura toujours $l'=l$ en même temps que $z'=z$, ce qui entraîne forcément

$$y'=y \quad \left\{ \text{en effet, } z=ly,\ z'=l'y' \right\}$$

Or nous avons fait $l'=l$, c'est-à-dire A'P'=AP, donc nécessairement $y'=y$, ou M'R'=MR, ou, en remplaçant ces droites par leurs valeurs

$$t'-p'=t-p.$$

L'ancienne pente (p) de la droite AC est donc liée à p', t' et t par l'équation

$$v=t+p'-t'$$

Si l'on change le système de coordonnées yAx, en un système rectangulaire, il faudra faire $t'=o$, la pente de la droite AC deviendra $t-p$, et l'on aura, pour déterminer les superficies et les emprises, les deux équations :

$$(m) \qquad z=\frac{1}{2}xy \qquad \text{et } y=(t\pm p)x.$$

Par cette anamorphose, on a obtenu des hyperboles équilatères et l'on a évité une partie des inconvénients du tableau à angle obtus de M. Davaine.

M. Lalanne pousse la transformation plus loin encore, en remplaçant le système (m) par le système équivalent :

$$\left.\begin{array}{l}\log x+\log y=\log 2z\\ \log y=\log x+\log(t\pm p)\end{array}\right\}(n);$$

si l'on pose

$$\log x=x' \quad \text{et} \log y=y',$$

ces équations deviennent

$$\left.\begin{array}{r}x'+y'=\log 2z.\\ -x'=\log(t\pm p)\end{array}\right\}(p),$$

ce qui représente deux droites, perpendiculaires entre elles, et inclinées à 45° sur les axes des coordonnées.

On est donc arrivé à une extrême simplicité : au lieu d'hyperboles et de droites obliques, on a de simples lignes droites qui se coupent à angle droit.

Il va sans dire que ce ne sont point les logarithmes qu'on inscrit sur les échelles, mais bien les nombres eux-mêmes.

« Pour que la comparaison entre cette méthode et celle de M. Davaine soit complète, dit M. Lalanne, je donne ici une figure (voy. *fig.* 3, *pl.* VII) qui, tout établie qu'elle est pour le cas le plus général, porte aussi les échelles et les graduations convenables pour des hypothèses identiques aux siennes; le talus étant de 1 sur 1 tant pour les déblais que pour les remblais, et la plate-forme de 10^m en déblai et de 14^m en remblai. On entre dans cette figure par la cote sur l'axe qui se lit dans le sens \, et par la déclivité du terrain naturel qui est horizontale —; à la rencontre de ces deux directions se trouvent : 1° une ligne verticale | dont la cote indique la superficie de déblai ou de remblai; 2° une autre ligne inclinée / qui, correspondant à la graduation inférieure, indique la largeur occupée par le demi-profil. »

Autres méthodes expéditives de cubature. — On a imaginé plusieurs autres méthodes pour le calcul des profils, qui sont basées sur la construction géométrique et exacte de ces profils.

Ainsi, l'on peut dessiner les profils sur une feuille de papier ou de métal homogène, les découper, les peser et déduire des poids relatifs les surfaces relatives. On détermine une fois pour toutes la surface qui correspond à l'unité de poids.

On peut encore recourir à divers appareils, nommés planimètres qui enregistrent, par un procédé variable, les surfaces élémentaires.

La roulette de M. Dupuit, que nous avons citée en arpentage, peut servir aussi à mesurer la superficie des profils.

Enfin, en dessinant ces profils sur du papier quadrillé, il suffira de compter le nombre des petits carrés qu'ils comprennent pour en déduire leur surface.

Du mouvement des terres. — Dans la section relative à l'exécution des travaux, nous nous occuperons du choix à faire entre les divers moyens de transport : jusqu'à une certaine distance, la brouette est le système le plus économique, vient ensuite le camion, puis le tombereau, puis le wagon. Mais, nous le répétons, ces questions seront traitées dans une autre section.

Parlons seulement de la manière dont on répartira les déblais et les remblais, ceux-ci devant être mis à la place de ceux-là et réciproquement.

Quelques considérations simples nous serviront de préliminaires :

1° Soit un volume de déblai à transporter en remblai : si tous les transports élémentaires peuvent se faire parallèlement, et en ligne droite, la moyenne des transports sera égale à la distance du centre de gravité du déblai au centre de gravité du remblai.

2° Quand les parcours ne sont pas parallèles, ils ne doivent jamais se croiser; car, si l'on transporte d en r, et d' en r', et que la droite dr coupe $d'r'$ en un point m, il eût mieux valu transporter d en r' et d' en r; en effet, nous avons deux triangles mdr, $md'r'$, dont la somme des bases est moindre que la somme des quatre autres côtés.

$$dr' + d'r < mr + md + mr' + md' = dr + dr'.$$

3° Souvent, il y a plusieurs points de passage obligatoires, toutes les lignes de transport ont alors une partie commune, aux extrémités de laquelle ces lignes se séparent pour rayonner en éventail vers les solides de déblai et de remblai.

4° Soit une masse de terre M à partager entre les points a et b', quelle sera la surface de séparation des deux parties? en plan ce sera une ligne telle qu'il soi indifférent de porter les éléments voisins m et m' en (a) ou (b), on aura donc : $ma + m'b = mb + m'a$, ou $ma - m'a = mb - m'b$. la ligne de séparation en plan est une hyperbole. Dans l'espace, la surface de séparation sera un hyperboloïde.

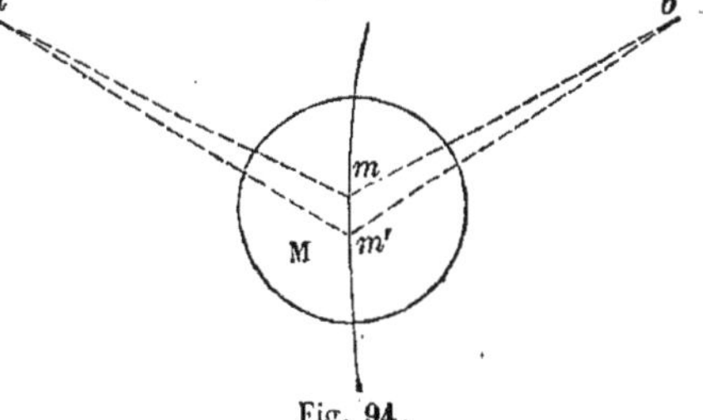

Fig. 94.

Mais, sans nous arrêter plus longtemps à ces exercices géométriques, supposons que nous connaissions sur un profil en long a, b, c, d, e les surfaces de déblai et de remblai qui se trouvent en chacun des profils transversaux a, b, c... (*fig.* 95).

Développons en ligne droite l'axe du profil en long, et en chaque point correspondant à un profil en travers portons des ordonnées proportionnelles aux surfaces de déblai et de remblai ; les ordonnées de déblai étant comptées au-dessous de l'axe, et celles de remblai au-dessus.

Si deux profils voisins (d) et (e) sont entièrement en déblai ou en remblai, en joignant les extrémités des ordonnées, on formera un trapèze dont la surface représentera le volume à enlever ou à apporter dans l'entre-profil.

Soit un profil (c) totalement en déblai, et le suivant (d) totalement en remblai,

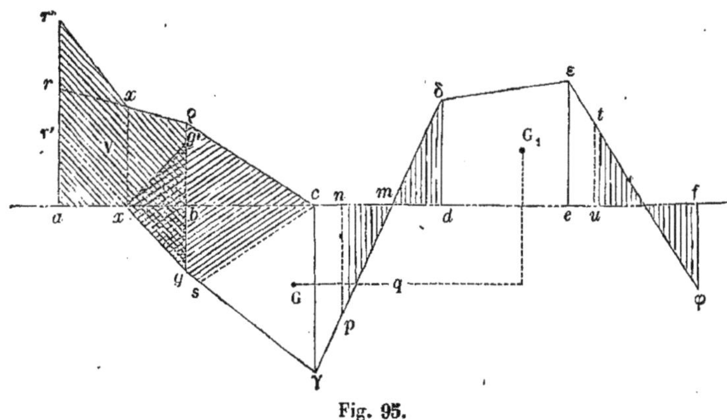

Fig. 95.

en joignant les extrémités des ordonnées, on aura deux triangles ; la superficie de l'un mesurera le cube du déblai, et la superficie de l'autre le cube du remblai.

Mais, si un profil tel que (b) présente à la fois une ordonnée de déblai et une de remblai, tandis que le précédent (a) n'a qu'une ordonnée de remblai, la représentation est plus complexe. Sur l'ordonnée totale de remblai ar'', on connaît la partie ar' qui correspond au déblai bg, et la partie ar qui correspond au remblai $b\rho$. Les cubes de remblai seront donc représentés par le trapèze $arb\rho$, plus le triangle $ar'x$; ce dernier recouvre le trapèze, on le transformera, au moyen d'une ordonnée xx' en un triangle équivalent $r''rx'$. Le remblai total sera donc représenté par la surface limitée au contour $ar''x'\rho b$, et le déblai sera représenté par le triangle xbg.

Reste à chercher la compensation des déblais par les remblais.

On commence par retrancher dans chaque éntre-profil le plus petit cube du plus grand : ainsi, le déblai (xbg) est compensé par le remblai xbg', et l'on estime que le transport des terres se fera à la pelle. Le triangle ($m\delta d$) est compensé par le triangle égal mnp, et le transport se fera à la brouette ou au camion, la distance moyenne étant égale à la longueur horizontale qui sépare le centre de gravité du triangle $dm\delta$ du centre de gravité du triangle mnp.

Le triangle $c\rho b$ est de même compensé par le quadrilatère $cbgs$, et le transport se fera par jet de pelle.

Restent trois surfaces $scnp\gamma$, $d\delta\varepsilon tu$, $ar''x'\rho g'x$; admettons que les deux premières sont égales entre elles, elles se compenseront réciproquement, et la distance moyenne des transports sera égale à la longueur horizontale (q) qui sépare leurs centres de gravité G et G_1.

Le volume V demeurera seul non compensé, et pour effectuer ce remblai, il sera nécessaire de faire un emprunt le plus près possible.

On peut s'exercer sur un nombre de profils beaucoup plus considérable et faire les constructions complètes afin de bien posséder la question. S'il arrivait que G fût plus grand que G_1, on partagerait le déblai G entre les deux remblais V et G_1 : théoriquement, la ligne de séparation serait une hyperbole normale à la ligne $abcd$, on la remplace dans la pratique par une perpendiculaire à cette ligne, c'est-à-dire par une ordonnée.

Courbes de raccordement. — Terminons par un mot sur les courbes de raccordement. La solution est très-simple lorsqu'il s'agit de raccorder deux alignements, qui se terminent en T et en T' (*fig.* 96) et qui sont tels que ST=ST'. La courbe de raccordement est alors l'arc de cercle ayant pour centre le point O et dont le rayon R = ST tang $\frac{1}{2}$TST'.

Fig. 96.

La seule manière pratique de tracer un arc de cercle sur le terrain est de mener la corde et d'élever en divers points de cette corde des ordonnées calculées d'avance, avec ou sans le secours de tables.

Lorsque les deux tangentes ST, ST' sont inégales, la solution consiste à se servir de deux arcs de cercle se raccordant eux-mêmes tangentiellement, en un point du parcours curviligne.

M. l'ingénieur en chef Endrès a traité la question dans une note, et il montre que le problème est indéterminé.

En effet, voilà son énoncé général : « décrire deux arcs de cercle tangents entre eux intérieurement, et tangents à deux droites données en des points donnés. » Pour déterminer les deux cercles, il faudrait six conditions : par exemple les deux rayons et les quatre coordonnées des centres. Or nous n'avons que cinq conditions, savoir : deux tangentes, deux points, et la condition de raccordement tangentiel des deux arcs. Il faut donc choisir arbitrairement l'un des rayons.

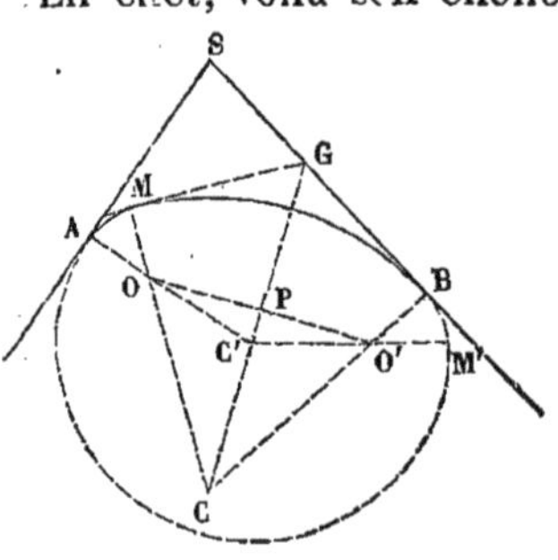

Fig. 97.

Soit SA, SB (*fig.* 97) les tangentes, A et B les points de tangence. Les centres des arcs cherchés seront sur AO et BO' perpendiculaires à SA et SB. Prenons arbitrairement un des rayons AO, restera à déterminer le second centre C. Supposons-le trouvé, et soit M le point de raccordement, on aura MC=BC, or MC=

MO+OC=AO+OC, donc, si nous prenons BO′=AO, on aura CO′=CO, et le point C se trouvera sur la perpendiculaire élevée à OO′ en son milieu P. On voit que la construction est simple. Il y a une seconde solution, étrangère à la question, elle est donnée par les centres C′ et O′, et correspond au raccordement par rebroussements en A et B.

On peut se proposer de chercher la solution pour laquelle les rayons AO et BC sont égaux. On y arrivera graphiquement, en construisant une courbe dont les abscisses seront les valeurs successives de AO, et les ordonnées seront les différences entre BC et AO; quand on aura quelques points de cette courbe, on la tracera en les réunissant par un trait continu, et le point où elle coupera l'axe des abscisses donnera la valeur commune des deux rayons égaux.

M. l'ingénieur Philippe Breton a repris le problème et a construit : 1° le lieu des points où les deux cercles qui résolvent la question se raccordent, 2° la courbe enveloppe des lignes des centres CO de ces mêmes cercles. Ces deux courbes sont elles-mêmes des cercles, que le lecteur pourra construire graphiquement, ou dont il pourra, si le problème l'intéresse, rechercher les équations par le calcul.

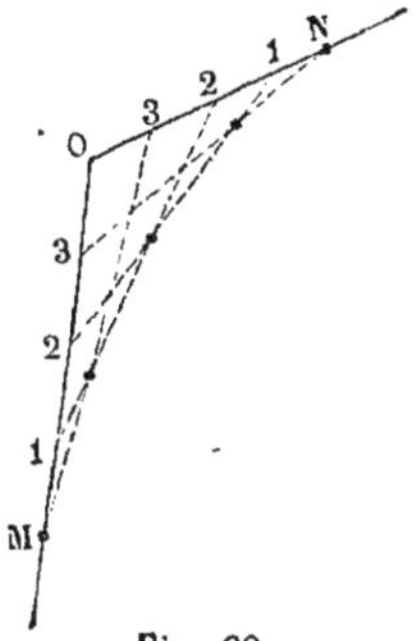

Fig. 98.

On s'est servi quelquefois du raccordement parabolique qui se construit facilement, comme nous l'avons vu en géométrie analytique (*fig.* 98) : on divise les tangentes ON, OM en un même nombre (m) de parties égales, et l'on joint la division (n) de l'une à la division ($m-n-1$) de l'autre; les intersections successives des droites ainsi obtenues appartiennent à la parabole tangente en N et M aux droites OM et ON.

FIN

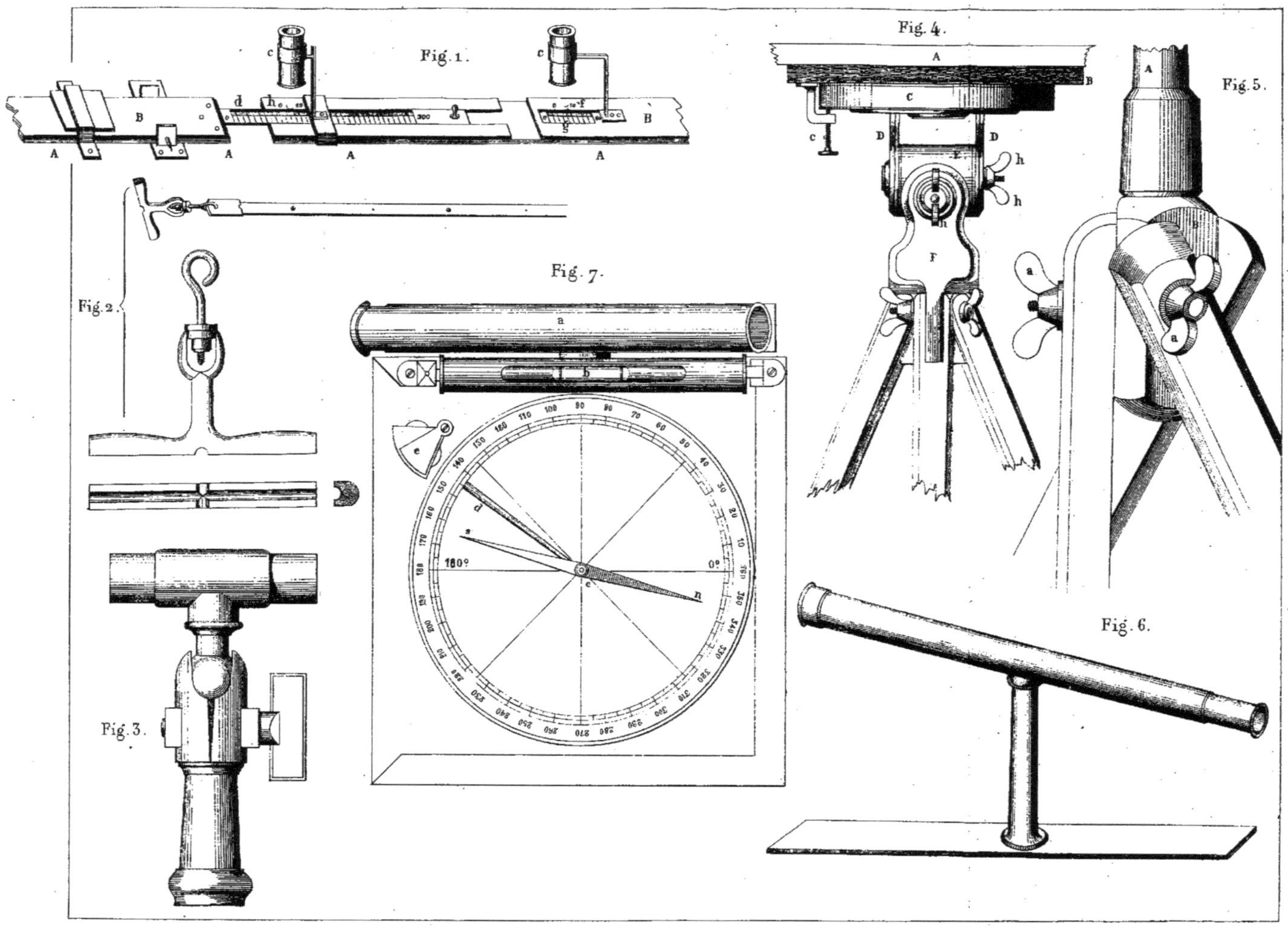
Fig. 1.
Fig. 2.
Fig. 3.
Fig. 4.
Fig. 5.
Fig. 6.
Fig. 7.

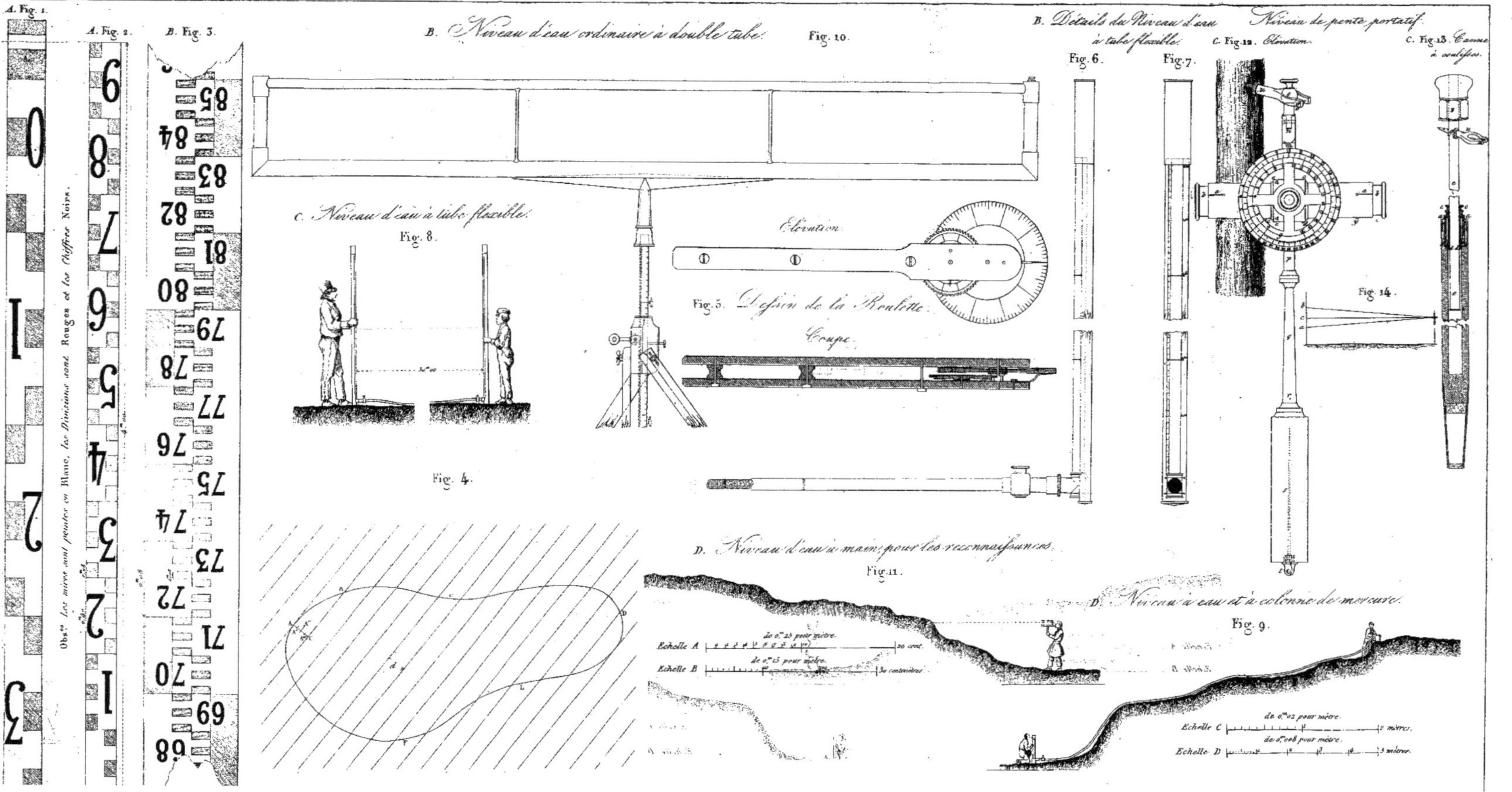

A. Fig. 1.
A. Fig. 2.
B. Fig. 3.
Obs.on Les mires sont peintes en Blanc, les Divisions sont Rouges et les Chiffres Noirs.
B. Niveau d'eau ordinaire à double tube.
Fig. 10.
B. Détails du Niveau d'eau à tube flexible.
Fig. 6.
Fig. 7.
Niveau de pente portatif.
C. Fig. 12. Élévation.
C. Fig. 13. Canne à coulisses.
C. Niveau d'eau à tube flexible.
Fig. 8.
Élévation.
Fig. 5. Dessin de la Roulette.
Coupe.
Fig. 14.
Fig. 4.
D. Niveau d'eau à main pour les reconnaissances.
Fig. 11.
D. Niveau à eau et à colonne de mercure.
Fig. 9.
Echelle A
de 0.m 25 pour mètre.
20 cent.
Echelle B
de 0.m 15 pour mètre.
30 centimètres
Echelle C
de 0.m 02 pour mètre.
Echelle D
de 0.m 008 pour mètre.
5 mètres.

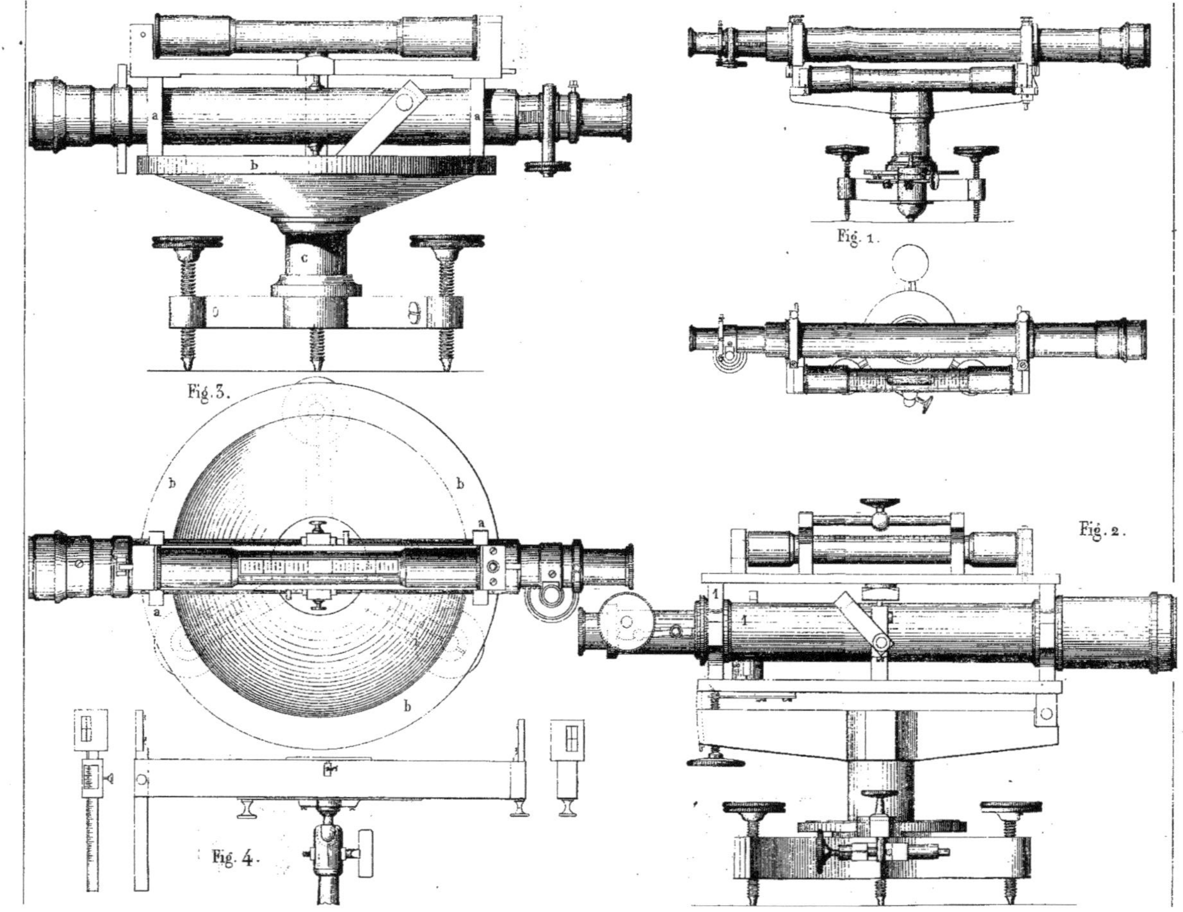
Fig. 3.
Fig. 1.
Fig. 2.
Fig. 4.

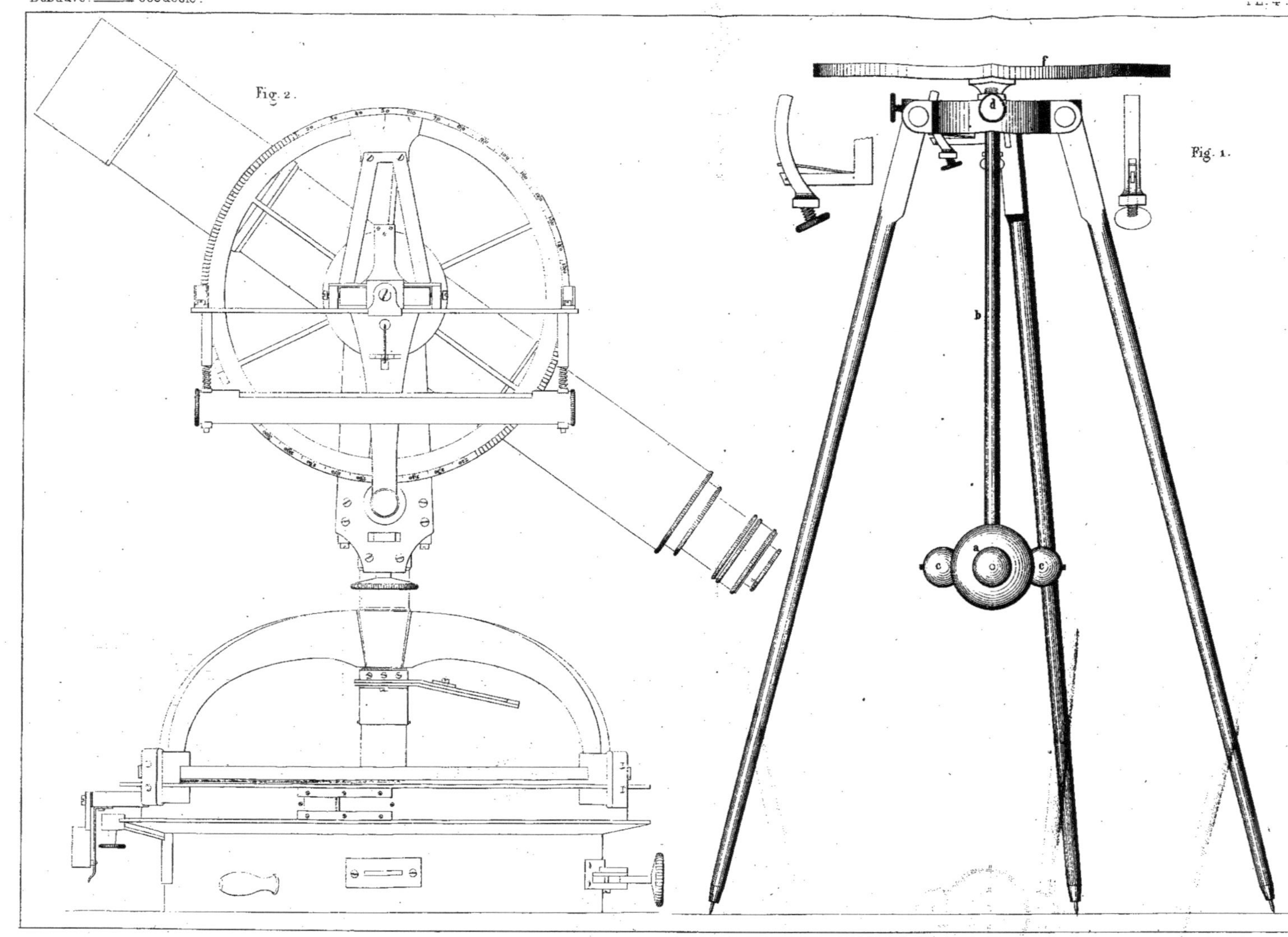
Fig. 2.
Fig. 1.
a
b
c
c
d
f

REPRÉSENTATION D'UN TERRAIN ET D'UN PROJET DE ROUTE

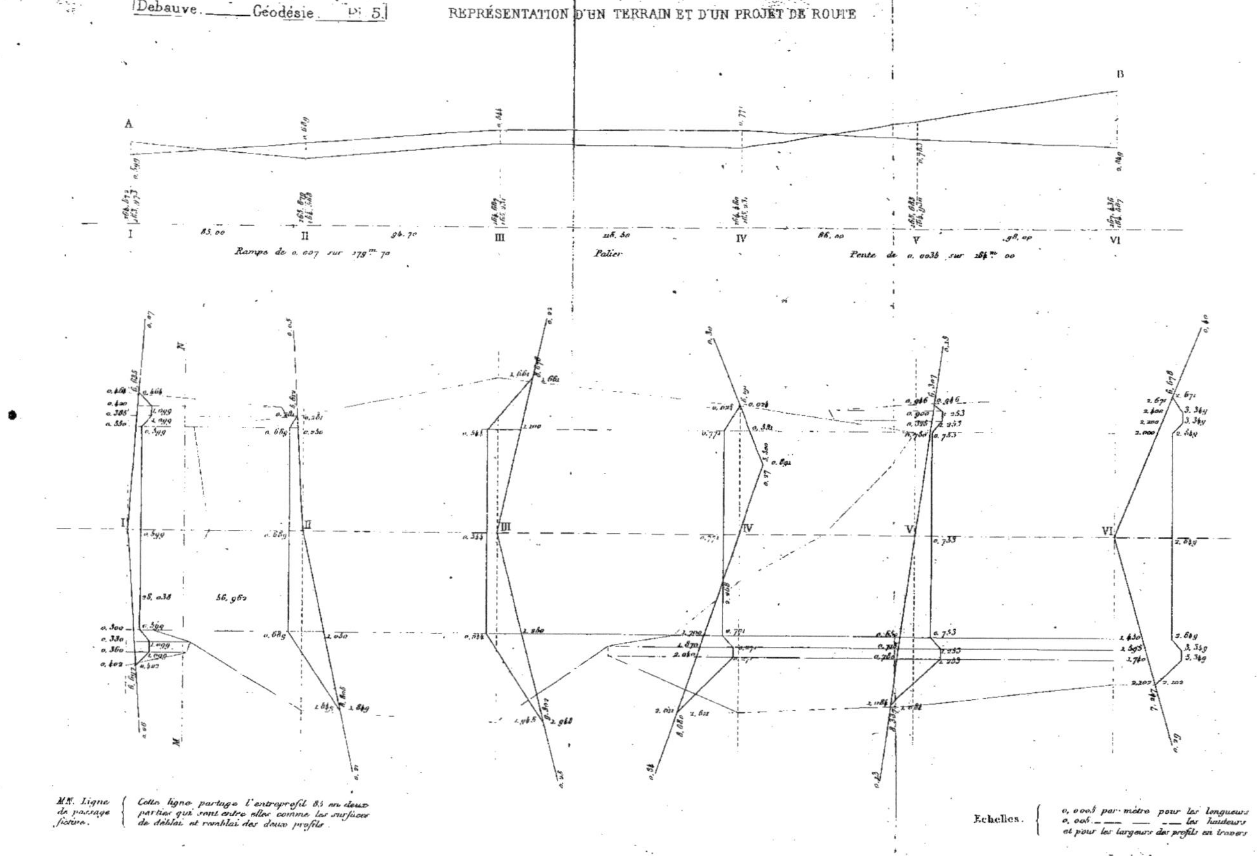

M.N. Ligne de passage fictive. { Cette ligne partage l'entreprofil 83 en deux parties qui sont entre elles comme les surfaces de déblai et remblai des deux profils.

Echelles. { 0, 0005 par mètre pour les longueurs
0, 005 — — — les hauteurs et pour les largeurs des profils en travers

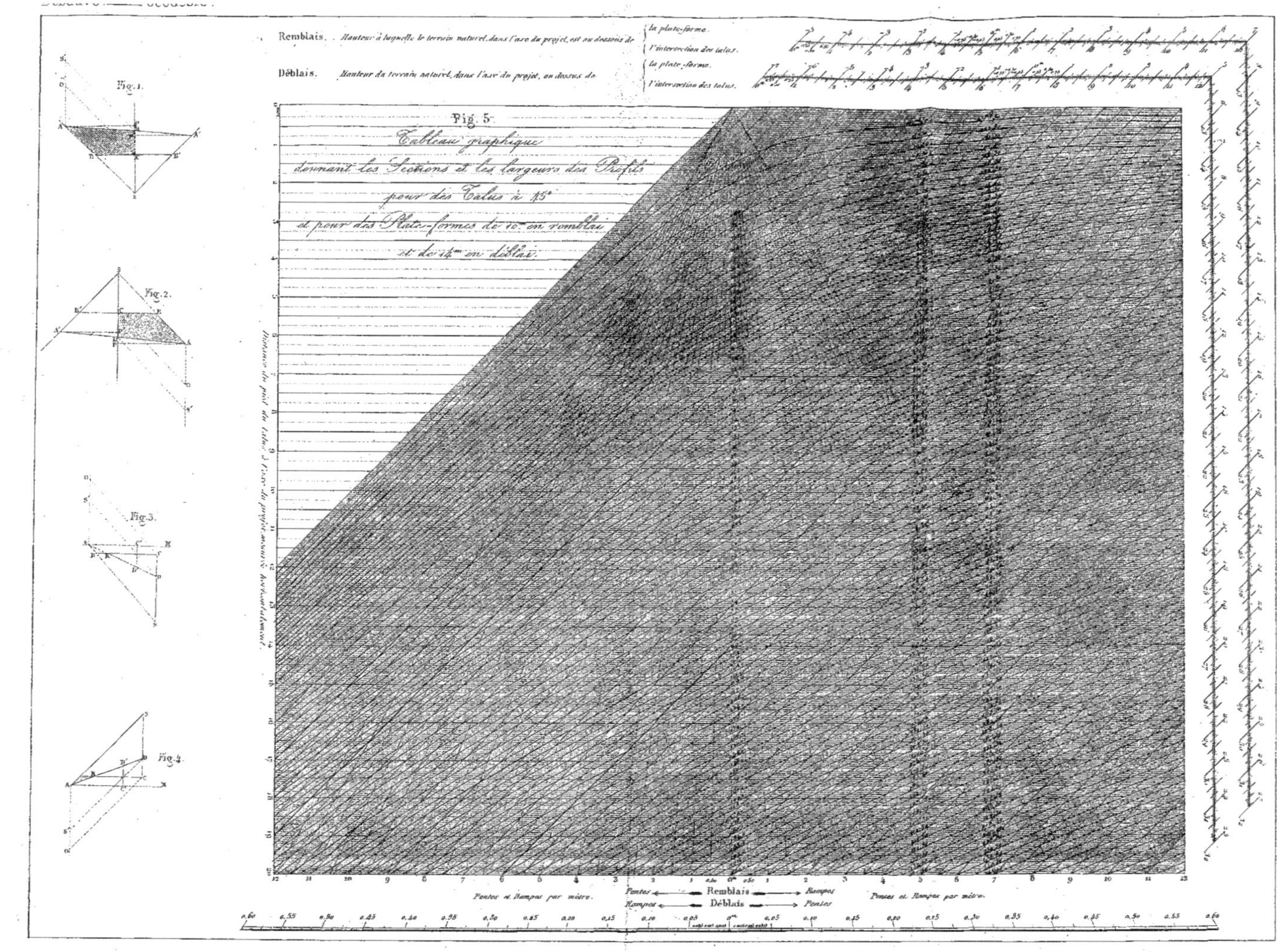
Fig. 1.
Fig. 2.
Fig. 3.
Fig. 4.
Remblais. Hauteur à laquelle le terrain naturel, dans l'axe du projet, est au dessous de { la plate-forme. / l'intersection des talus.
Déblais. Hauteur du terrain naturel, dans l'axe du projet, au dessus de { la plate-forme. / l'intersection des talus.
Fig. 5.
Tableau graphique
donnant les Sections et les largeurs des Profils
pour des Talus à 45°
et pour des Plate-formes de 10m en remblai
et de 14m en déblai.
Distance du pied du talus à l'axe du projet mesurée horizontalement.
Pentes et Rampes par mètre.
Pentes ← Remblais → Rampes
Rampes ← Déblais → Pentes
Pentes et Rampes par mètre.

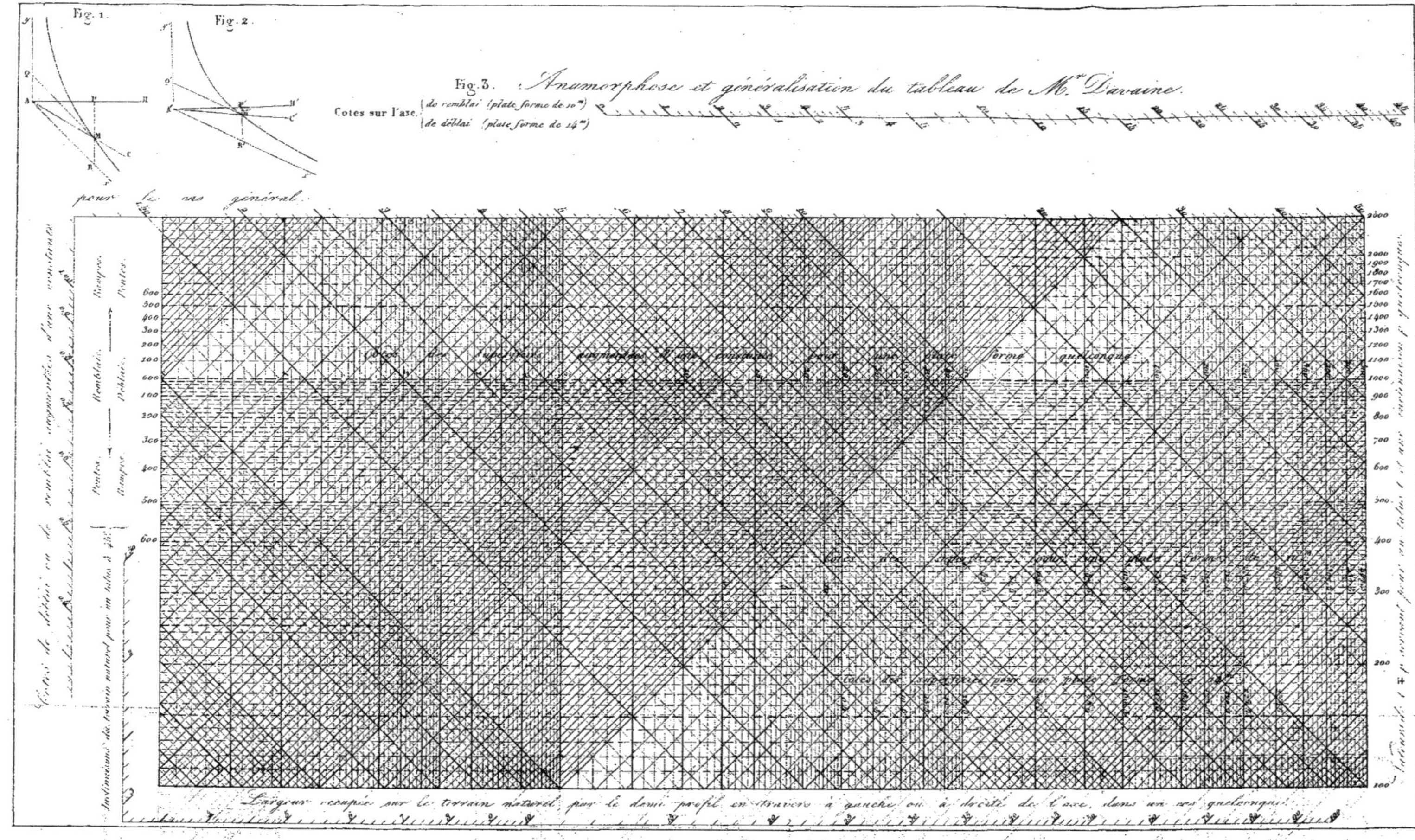

Fig. 1.
Fig. 2.
Fig. 3. Anamorphose et généralisation du tableau de Mr Davaine.
Cotes sur l'axe { de remblai (plate forme de 10m) / de déblai (plate forme de 14m)
Cotes de déblai ou de remblai augmentées d'une constante pour le cas général.
Inclinaisons du terrain naturel pour un talus à 45°.
Pentes. ← Remblais. → Rampes.
Rampes. Déblais. Pentes.
Cotes des superficies augmentées d'une constante pour une plate forme quelconque.
Largeur occupée sur le terrain naturel par le demi profil en travers à gauche ou à droite de l'axe, dans un cas quelconque.

www.ingramcontent.com/pod-product-compliance
Ingram Content Group UK Ltd.
Pitfield, Milton Keynes, MK11 3LW, UK
UKHW020254250726
13967UKWH00004B/1676